U0272099

基层农业技术推广人员培训手册

陈道军　董建强　栗　红　江骐骥　李艳菊　杨春献　主编

中国农业科学技术出版社

图书在版编目（CIP）数据

基层农业技术推广人员培训手册／陈道军等主编.
北京：中国农业科学技术出版社，2024.8. --ISBN
978-7-5116-6971-1

Ⅰ.S3-33

中国国家版本馆 CIP 数据核字第 2024ZG5077 号

责任编辑　白姗姗
责任校对　李向荣
责任印制　姜义伟　王思文

出 版 者　中国农业科学技术出版社
　　　　　北京市中关村南大街 12 号　　邮编：100081
电　　话　（010）82106638（编辑室）　（010）82106624（发行部）
　　　　　（010）82109709（读者服务部）
网　　址　https://castp.caas.cn
经 销 者　各地新华书店
印 刷 者　鸿博睿特（天津）印刷科技有限公司
开　　本　140 mm×203 mm　1/32
印　　张　5
字　　数　125 千字
版　　次　2024 年 8 月第 1 版　2024 年 8 月第 1 次印刷
定　　价　39.80 元

《基层农业技术推广人员培训手册》
编 委 会

主 编：陈道军　董建强　粟　红　江骐骥
　　　　李艳菊　杨春献

副主编：瞿伟江　沙传红　李　萍　熊　纹
　　　　高丽萍　王成辉　王　燕　刘　浩
　　　　张　武　石传宗　王金环　牟言杰
　　　　朱　强　王召法　李　冰　高中杰
　　　　陈云霞　辛少庆　黄连华　高丽亭
　　　　郭成燕　吕仕大　韩　峰　蔺欣艳
　　　　石　荣　庄志群　李东翰　刘　波
　　　　马琳琳　焦　阳　李亚娟　杨艳会
　　　　赵春迎　刘　敬　周鸿翔　张圆圆
　　　　张　倩　邱威霖　杜　娟　闫玉娟
　　　　张　震　陈　莉　米永刚　张丹丹
　　　　贾庆环

编 委：徐庆安　郭敬芬　刘志国　李钦媛
　　　　陈　佳　李　雪

前　言

　　基层农业技术推广人员作为农业技术传播的桥梁和纽带，肩负着将先进的农业技术传递给广大农民，推动农业现代化进程的重要使命。他们的专业素养和服务能力直接影响着农业技术推广的效果和农业产业的发展。

　　为了提升基层农业技术推广人员的业务水平和综合素质，更好地服务于农业生产，促进农民增收，我们精心编写了这本《基层农业技术推广人员培训手册》。

　　本手册涵盖了农业领域的多个方面，共6章，内容包括农业技术推广概论、农作物种植推广、果蔬种植推广、水产品养殖推广、畜牧健康养殖推广、植保技术推广等。

　　通过系统的理论讲解、丰富的案例分析和实用的操作指南，旨在帮助基层农业技术推广人员更新知识、拓宽视野、掌握实用技能，从而能够更加有效地开展农业技术推广工作。

编　者

2024年6月

目 录

第一章　农业技术推广概论

第一节　农业技术推广在农业发展中的作用

一、农业技术推广的含义

农业技术推广是指通过试验、示范、培训以及咨询服务等，把农业技术普及应用于农业产前、产中、产后全过程的活动。

农业技术推广对于促进农业现代化、提高农民收入、推动农村经济社会发展具有不可替代的作用。

二、农业技术推广的作用

农业技术推广在农业发展和农村进步中发挥着多方面的重要作用。

（一）促进农业科技创新与应用

将最新的农业科研成果转化为实际生产力，使农民能够采用先进的种植、养殖和管理技术，提高农业生产效率和质量。加速农业技术的传播和扩散，让更多的农户受益于科技创新带来的好处。

（二）提高农民素质

为农民提供农业知识和技能培训，增强他们的科学文化素养和经营管理能力。培养农民的创新意识和市场意识，使其能够适应现代农业发展的需求。

（三）增加农民收入

推广优良品种、高效栽培技术和先进的养殖方法，提高农产品的产量和品质，从而增加农民的经济收益。帮助农民了解市场需求，引导他们调整农业生产结构，生产适销对路的农产品。

（四）保障农产品质量安全

传播绿色、环保、安全的农业生产理念和技术，减少农药、化肥的不合理使用，降低农业面源污染。指导农民进行标准化生产，加强农产品质量检测和监管，确保农产品符合质量安全标准。

（五）推动农业产业升级

促进农业规模化、专业化、产业化发展，延伸农业产业链，提高农业附加值。引导农民发展特色农业、生态农业、休闲农业等新型农业业态，实现农业产业的多元化和可持续发展。

（六）促进农村社会发展

加强农民之间的交流与合作，增强农村社区的凝聚力和向心力。传播先进的文化和观念，改善农村的生活方式和社会风貌。

例如，在某个农村地区，通过农业技术推广普及了温室大棚种植技术，农民不仅可以反季节种植高附加值的蔬菜瓜果，增加了收入，还学会了科学的施肥和病虫害防治方法，减少了环境污染，提升了农产品的质量安全水平。同时，这种新型的种植方式也吸引了更多年轻人返乡创业，带动了当地农村的经济发展和社会进步。

农业技术推广对于实现农业现代化、促进农村繁荣和农民富裕具有极其重要的意义。

第二节　农业技术推广的模式

农业技术推广的模式对于提高农业生产效率、促进农村经济发展至关重要。

一、传统农业技术推广模式

(一) 示范带动模式

1. 建立示范田和示范基地

在农业生产中，示范田和示范基地具有直观、形象的特点，能够让农民亲眼看到新技术、新品种的实际效果。基层农业技术推广人员可以选择交通便利、土地条件较好的区域建立示范田和示范基地，展示先进的农业技术和管理经验。

2. 组织农民现场观摩

组织农民到示范田和示范基地进行现场观摩是一种有效的推广方式。基层农业技术推广人员可以在农作物生长的关键时期，如播种、施肥、病虫害防治等阶段，组织农民进行现场观摩。

(二) 培训讲座模式

1. 开展集中培训

集中培训是传统农业技术推广的重要方式之一。基层农业技术推广人员可以根据农民的需求和农时季节，组织开展各种形式的集中培训。培训内容可以包括农作物栽培技术、病虫害防治、土壤肥料管理等方面。

2. 邀请专家授课

为了提高培训的质量和效果，基层农业技术推广人员可以邀请农业专家、学者到农村进行授课。这些专家具有丰富的理论知识和实践经验，能够为农民提供专业的技术指导和建议。

二、现代农业技术推广模式

（一）信息化推广模式

1. 利用互联网平台

随着互联网的普及和发展，信息化推广模式成为农业技术推广的新趋势。基层农业技术推广人员可以利用互联网平台，如农业网站、微信公众号、短视频平台等，发布农业技术信息、市场动态和政策法规等内容。

2. 开展远程培训和咨询

远程培训和咨询是信息化推广模式的重要组成部分。基层农业技术推广人员可以利用视频会议软件、在线直播平台等工具，开展远程培训和咨询服务。农民可以通过手机、电脑等设备，在家中参加培训和咨询活动，节省时间和成本。

（二）合作推广模式

1. 与企业合作

基层农业技术推广人员可以与农业企业合作，共同推广新技术、新品种。农业企业具有资金、技术和市场等方面的优势，能够为农业技术推广提供有力的支持。

2. 与科研机构合作

与科研机构合作可以为农技推广提供强大的技术支撑。基层农业技术推广人员可以与科研机构建立合作关系，共同开展农业技术研究和推广工作。

第三节　农技推广员应具备的素养

农技推广员在农业技术推广工作中起着关键作用，应具备以下多方面的素养。

(一) 扎实的专业知识

精通农学、植物保护、土壤肥料、园艺等相关农业领域的专业知识。了解最新的农业科研成果和技术发展动态，能够为农民提供准确、权威的技术指导。

(二) 丰富的实践经验

具备在田间地头实际操作和解决问题的能力，熟悉农业生产的各个环节。通过实践积累，能够快速判断和解决农业生产中出现的各种技术问题。

(三) 良好的沟通能力

能够用通俗易懂的语言与农民进行交流，将复杂的技术知识转化为农民易于理解和接受的内容。善于倾听农民的需求和问题，建立良好的信任关系。

(四) 创新意识

敢于尝试和推广新技术、新方法，不断探索适合当地农业发展的创新模式。能够根据实际情况对传统技术进行改进和优化。

(五) 教育和培训能力

能够组织和开展形式多样的培训活动，如讲座、现场示范等，提高农民的技术水平。制定科学合理的培训计划和教材，满足不同层次农民的学习需求。

（六）观察和分析能力

善于观察农业生产中的各种现象和数据，分析问题的本质和原因。能够根据观察和分析结果，提出有效的解决方案和建议。

（七）团队合作精神

与其他农业技术人员、科研人员、政府部门等密切合作，形成工作合力。参与团队讨论和决策，共同推动农业技术推广工作的开展。

（八）服务意识

始终以农民的利益为出发点，主动为农民提供优质、高效的服务。具备耐心和责任心，不厌其烦地为农民解决问题。

（九）适应能力

能够适应不同的工作环境和条件，包括农村的艰苦环境和复杂的人际关系。快速适应农业技术的不断更新和变化，及时调整工作方法和策略。

例如，一位优秀的农技推广员在下乡推广新的种植技术时，不仅能够清晰地向农民讲解技术要点，还亲自下田示范操作。当农民对新技术有所疑虑时，耐心倾听并通过实际案例进行分析，消除农民的顾虑。同时，与当地的科研团队合作，不断对技术进行改进，并根据不同农户的需求提供个性化的指导方案。在遇到自然灾害等突发情况时，能够迅速做出判断，提出应对措施，帮助农民减少损失。

具备以上素养的农技推广员能够更好地履行职责，为推动农业技术进步和农村发展做出贡献。

第四节 农业技术推广的未来发展趋势

一、精准化推广趋势

(一) 基于大数据的精准推广

1. 收集和分析农业数据

大数据技术的发展为农业技术推广提供了新的机遇。基层农业技术推广人员可以通过收集和分析农业数据，了解不同地区、不同作物的生长情况和需求，为农民提供精准的技术指导。

2. 个性化服务

基于大数据的精准推广可以为农民提供个性化的服务。基层农业技术推广人员可以根据农民的种植品种、土地条件、生产规模等因素，为他们制定个性化的技术方案。

(二) 精准农业技术的推广应用

1. 智能灌溉技术

智能灌溉技术是精准农业的重要组成部分。基层农业技术推广人员可以推广智能灌溉系统，根据土壤湿度和作物需水量自动控制灌溉水量和时间，实现精准灌溉。

2. 精准施肥技术

精准施肥技术可以根据土壤养分含量和作物需肥规律，精确控制施肥量和施肥时间，提高肥料利用率，减少环境污染。基层农业技术推广人员可以推广精准施肥技术，帮助农民实现科学施肥。

二、多元化推广趋势

（一）推广主体多元化

1. 社会组织参与农业技术推广

除了政府部门和农业技术推广机构外，社会组织也可以参与农业技术推广工作。基层农业技术推广人员可以与农业合作社、农民协会、志愿者组织等社会组织合作，共同开展农技推广活动。

例如，农业合作社可以组织农民进行技术培训和交流活动，农民协会可以为农民提供技术咨询和服务，志愿者组织可以开展农业科普宣传活动。社会组织的参与可以丰富农业技术推广的主体，提高推广效果。

2. 企业参与农业技术推广

农业企业在农业技术推广中也发挥着重要作用。基层农业技术推广人员可以与农业企业合作，共同推广新技术、新品种。企业可以提供资金、技术和市场等方面的支持，推广人员可以为企业提供技术指导和服务。

（二）推广内容多元化

1. 生态农业技术推广

随着人们对环境保护和食品安全的重视，生态农业技术越来越受到关注。基层农业技术推广人员可以推广生态农业技术，如有机肥料的使用、生物防治病虫害、生态养殖等技术，促进农业可持续发展。

2. 休闲农业技术推广

休闲农业是近年来发展迅速的一种新型农业业态。基层农业技术推广人员可以推广休闲农业技术，如观光农业、采摘农业、农家乐等技术，促进农村一二三产业融合发展。

第二章 农作物种植推广

第一节 国家农作物优良品种推广

一、国家农作物优良品种推广的意义和作用

国家农作物优良品种推广是农业发展中的重要环节，具有多方面的意义和作用。

首先，优良品种的推广能够显著提高农作物的产量。例如，一些高产的水稻、小麦品种的推广，使单位面积的粮食产量大幅增加，为保障国家粮食安全做出了重要贡献。

其次，有助于提升农产品的质量。例如，优质水果品种的推广，使果实口感更好、外观更美观，更能满足市场需求，提高农产品的市场竞争力。

最后，优良品种往往具有更好的抗病虫害能力和抗逆性，能够减少农药的使用，降低农业生产成本，同时也有利于环境保护和农业的可持续发展。

二、在推广过程中，国家通常会采取一系列措施

一是建立品种审定制度，对新育成的品种进行严格的审查和评估，确保其在产量、品质、抗性等方面达到一定标准后才能推广。

二是通过农业技术推广体系，将优良品种的信息和种植技术传递给广大农民。各地的农业技术推广站、农民专业合作社

等发挥着重要的作用，组织培训、现场示范等活动，让农民了解并掌握新品种的种植要点。

三是提供政策支持和资金补贴，鼓励农民采用优良品种。例如，对购买优良种子给予一定的补贴，降低农民的种植成本。

四是加强市场监管，打击假冒伪劣种子，保障农民能够买到真正的优良品种。

例如，近年来我国推广的一些玉米优良品种，在经过审定后，通过各地的农业农村部门和相关机构的大力推广，结合技术培训和补贴政策，使这些品种在广大农村地区得到了广泛种植，不仅提高了玉米产量，而且由于其抗倒伏、抗病虫害能力较强，减少了农民的损失，增加了收入。

国家农作物优良品种推广对于提高农业生产效益、保障粮食安全、促进农民增收具有不可替代的重要作用。

三、国家农作物优良品种推广目录的内容

2023 年 2 月，农业农村部发布了《国家农作物优良品种推广目录（2023 年）》，对 10 种农作物、241 个优良品种进行了重点推介。该目录紧紧围绕当前农业生产的用种需求，突出了推介、引领、科普"三大定位"，主要包括以下 4 个方面内容。

（1）聚焦"米袋子"。推介水稻、小麦、玉米优良品种 97 个，其中水稻品种 36 个、小麦品种 29 个、玉米品种 32 个。

（2）聚焦"油瓶子"。推介大豆、油菜、花生优良品种 70 个，其中大豆品种 22 个、油菜品种 26 个、花生品种 22 个。

（3）聚焦"菜篮子"。推介马铃薯、大白菜、结球甘蓝等优良品种 61 个，其中马铃薯品种 20 个、大白菜品种 21 个、结球甘蓝品种 20 个。

（4）兼顾重要战略物资。推介棉花品种 13 个。

以上推介的优良品种，涉及骨干型、成长型、苗头型和特专型4种类型的品种，其中骨干型品种80个、成长型品种66个、苗头型品种64个、特专型品种31个，可形成一个相对完整、递次推进的品种推广梯队，分类引导品种推广应用，有利于加快推动品种的更新换代。

四、国家农作物优良品种推广目录遴选标准

国家农作物优良品种推广目录的遴选标准主要包括以下几个方面。

（1）生产需求。根据当前农业生产的紧迫需求，聚焦"米袋子""油瓶子""菜篮子"及重要战略农产品，筛选出能够满足生产需求的优良品种。

（2）品种表现。综合考虑品种在生产上的表现，包括产量、品质、抗性等方面，将其划分为骨干型、成长型、苗头型3种类型，能够更客观反映这些品种在生产上推广应用所处的阶段。同时，也会考虑一些特色专用型品种，以满足生产上的特殊需求。

（3）推广应用规律。遵循品种推广应用规律，形成比较完整的逐步推进的品种梯队，便于用种者结合需求，有针对性地科学选种，推动生产上的品种更新换代。

（4）品种审定管理。严格品种审定管理，强化知识产权保护等措施，确保推广的品种具有较好的稳定性和适应性。

五、农业农村部为保障种子供应而采取的措施

农业农村部为保障种子供应采取了以下措施。

（1）加强灾情调度。例如，在河南省遭受强降雨灾害后，第一时间关注并响应，全面加强灾情调度，启动国家救灾储备种子需求对接，确保灾后恢复生产有种可用。

（2）调用储备种子。做好国家救灾储备种子调用准备，

确保蔬菜、绿豆等种子的储备量充足，根据需要随时组织调用。

（3）协调各省供种。积极协调省级种业管理部门、种子协会及相关企业，根据实际用种需求，全面调度汇总可供种子信息，并发挥河南省内企业供种保障主力军作用。

（4）保障春耕用种。组织开展农资保供行动，保障春耕春管种子、化肥和农药供应。

（5）加强质量检测。对种子进行质量检测，确保种子质量符合标准，同时引导企业依法诚信经营。

（6）提供技术指导。为种子生产提供技术指导，通过电话、微信、视频等方式，强化对种子生产基地的在线技术服务，指导农户去杂去劣，确保种子质量。

第二节　作物精确栽培技术

作物精确栽培技术是一种将现代信息技术与农艺措施相结合，以实现作物高产、优质、高效、生态和安全为目标的现代农业生产技术。

一、数据采集与分析

作物精确栽培中的数据采集与分析是实现精准农业的关键环节，主要包括以下几个方面。

（一）数据采集

1. 土壤数据

（1）利用土壤传感器测量土壤湿度、温度、酸碱度（pH值）、电导率、有机质含量等。

（2）通过土壤采样和实验室分析，获取更详细的土壤养分（氮、磷、钾等）数据。

2. 气象数据

（1）安装气象站收集降水量、气温、光照时长、风速、风向等信息。

（2）获取历史气象数据和天气预报，以预测气候对作物生长的影响。

3. 作物生长数据

（1）使用高清摄像机、多光谱相机、高光谱相机等设备，监测作物的株高、叶面积、颜色、生物量等。

（2）采用遥感技术，如卫星遥感和无人机遥感，获取大面积作物的生长状况和空间分布信息。

4. 地理位置数据

利用全球定位系统（GPS）或北斗导航系统，精确记录农田的地理位置和边界。

（二）数据分析

1. 数据预处理

（1）对采集到的原始数据进行筛选、清理和校准，去除异常值和错误数据。

（2）将不同来源和格式的数据进行整合和标准化，以便后续分析。

2. 建立模型

运用统计学方法和机器学习算法，建立作物生长模型、产量预测模型、养分需求模型等。

例如，基于多元线性回归、决策树、神经网络等模型，分析作物生长与环境因素和管理措施之间的关系。

3. 空间分析

（1）借助地理信息系统（GIS）技术，对农田数据进行空间分析，绘制土壤肥力、作物长势等的空间分布图。

（2）确定农田内的肥力差异区域和作物生长不均衡区域。

4. 决策支持

根据数据分析结果，为施肥、灌溉、病虫害防治、收获等农事操作提供精确的决策建议。

例如，确定不同区域的肥料施用量和灌溉量，预测病虫害的发生风险和分布范围。

5. 持续优化

在作物生长过程中，不断收集新的数据，并对模型进行更新和优化，提高决策的准确性和适应性。

例如，某农场在进行玉米精确栽培时，采集了土壤养分数据和玉米生长阶段的图像数据。通过数据分析发现，某一区域土壤氮含量较低，玉米植株生长缓慢。基于此，农场主增加了该区域的氮肥施用量。在后续的生长监测中，发现玉米生长得到明显改善，产量也有所提高。

数据采集与分析为作物精确栽培提供了科学依据，有助于实现农业生产的精准化和智能化管理。

二、变量投入

作物精确栽培中的变量投入是指根据不同地块、不同作物生长阶段和实际需求，精准地调整和控制农业生产投入品（如肥料、农药、灌溉水等）的种类、数量和时间，以实现资源的高效利用和最优的作物生长效果。

以下是关于变量投入的一些具体内容。

（一）肥料的变量投入

基于土壤肥力检测数据和作物生长模型，确定不同区域所需的氮、磷、钾等营养元素的精确用量。例如，在土壤肥力较高的区域减少肥料施用量，避免浪费和环境污染；而在肥力较低的区域增加肥料投入，以满足作物生长需求。还可以根据作物的生长阶段，适时调整肥料的配方和施用量。例如，在生长初期注重氮肥的供应，促进植株生长；在开花结果期增加磷、钾肥的比例，提高果实品质和产量。

（二）农药的变量投入

通过监测病虫害的发生情况和程度，精确计算所需农药的种类和剂量。

利用病虫害监测设备和模型，仅在病虫害发生的区域进行有针对性的施药，减少农药的总体使用量。

同时，根据病虫害的发展趋势，合理安排施药时间，提高防治效果。

（三）灌溉水的变量投入

借助土壤湿度传感器和气象数据，精确计算不同地块的需水量。

采用滴灌、喷灌等精准灌溉技术，根据实际需求进行局部或分区灌溉，避免过度灌溉造成水资源浪费和土壤盐渍化。

在干旱时期增加灌溉，而在多雨季节适当减少灌溉，保持土壤水分在适宜水平。

例如，在一个大型果园中，安装了土壤湿度监测设备和智能灌溉系统。系统会根据不同果树区域的土壤湿度状况自动控制灌溉水量。在果实膨大期，对于水分需求较大的区域增加灌溉，而在树势较弱、需水量较小的区域则相应减少灌溉。同时，通过病虫害监测系统发现部分区域出现轻微虫害，仅对这些区域进行局部施药，有效控制了虫害的蔓延，同时减少了农药的使用量。

变量投入不仅能够提高农业生产的效率和经济效益，还能减少对环境的负面影响，实现农业的可持续发展。

三、个性化管理

作物精确栽培中的个性化管理是根据每块农田独特的环境条件、土壤特性以及所种植作物的生长需求，为其量身定制专属的管理方案。

以下是个性化管理的一些关键方面。

（一）农田分区管理

对大面积农田进行细致划分，根据土壤肥力、地形、水分状况等因素将其分为不同的区域。针对每个区域的特点，制定相应的种植计划、施肥策略、灌溉方案等。

（二）品种选择个性化

考虑不同区域的气候条件和土壤特性，选择最适合的作物品种。例如，在干旱地区选择耐旱品种，在土壤贫瘠区域选择耐瘠薄的品种。

（三）种植密度调整

根据土壤肥力和光照条件，确定不同区域的合理种植密度。肥力高、光照好的区域可以适当增加种植密度，以充分利用资源提高产量；而在条件较差的区域则降低密度，保证植株的正常生长。

（四）施肥的个性化

基于土壤养分检测结果，为每个区域制定精准的施肥配方。针对不同作物在不同生长阶段的养分需求，调整施肥的时间和用量。

（五）灌溉的个性化

结合土壤水分含量和作物需水规律，为不同区域设定不同的灌溉计划。采用精准灌溉技术，如滴灌、微喷灌等，实现按需供水。

（六）病虫害防治个性化

监测不同区域病虫害的发生情况和特点。选择合适的防治方法和药剂，避免统一防治造成的过度用药或防治效果不佳。

例如，有一片农田，其中一部分靠近水源，土壤肥沃；另一部分在高地，土壤较为贫瘠。对于肥沃区域，可以选择种植高需肥的高产作物品种，并增加种植密度；施肥时采用较高的肥料用量和频率；灌溉上保证充足的水分供应。而对于贫瘠的高地区域，选择耐瘠薄的品种，降低种植密度，施肥量相对减少，灌溉也更加注重节水。

通过这种个性化管理，可以最大程度地发挥每块农田的潜力，提高作物的产量和质量，同时降低资源浪费和环境污染。

四、实时监测与调整

作物精确栽培中的实时监测与调整是确保作物生长达到最佳状态、实现高产优质目标的关键环节。

（一）实时监测

实时监测主要通过以下手段和技术来实现。

1. 传感器网络

在田间部署各类传感器，如土壤湿度传感器、温度传感器、光照传感器等，实时收集土壤和环境的相关数据。这些传感器能够将数据即时传输到中央控制系统，以便进行分析和处理。

2. 卫星遥感和无人机遥感

利用卫星获取大面积农田的宏观信息，包括作物生长状况、植被指数等。无人机则可以进行更精细的低空监测，拍摄高分辨率的图像，提供更详细的作物生长细节。

3. 视频监控系统

安装摄像头，对农田进行实时视频监控，直观地观察作物的生长态势和可能出现的问题。

（二）调整

基于实时监测获取的数据，进行以下调整。

1. 灌溉调整

如果监测到土壤湿度低于设定阈值，自动开启灌溉系统进行补水；反之，减少灌溉量或暂停灌溉，以避免过度灌溉造成水资源浪费和土壤板结。

2. 施肥调整

根据作物生长阶段和土壤养分实时数据，精确调整肥料的施用量和种类。

3. 病虫害防控调整

一旦监测到病虫害的早期迹象，及时采取相应的防治措施，如喷洒特定的农药或释放天敌生物。

4. 收获时机调整

通过监测作物的成熟度指标，如果实颜色、籽粒含水量等，精确确定最佳的收获时间，以确保收获的农产品具有最佳的品质和产量。

例如，在一个蔬菜种植基地，通过传感器监测到某一区域的土壤湿度急剧下降，系统自动增加了该区域的灌溉量。同时，无人机遥感发现部分植株出现病虫害迹象，技术人员立即前往该区域进行针对性的防治处理。在果实成熟阶段，持续的监测帮助种植户确定了最佳的收获时间，使得收获的蔬菜口感和营养都达到最佳状态。

实时监测与调整能够使作物栽培管理更加科学、精准和高效，有效应对各种变化和挑战，保障农业生产的稳定和可持续发展。

第三节　农作物生产机械化

农作物生产机械化是指在农作物生产过程中，广泛应用各类机械设备来替代人力和畜力，以提高生产效率、降低劳动强度、增加农产品产量和质量的过程。

一、农作物生产机械化主要特点

其主要特点包括以下几个方面。

（一）作业效率高

机械设备能够在短时间内完成大量的农业生产任务，如播种、收割等，大大缩短了作业时间。

（二）降低劳动强度

减轻农民的体力劳动，使农业生产更加轻松和便捷。

（三）提高作业质量

机械作业的精度和一致性通常高于人工操作，有利于保证农作物的生长条件和收获质量。

（四）促进规模经营

为大规模农业生产提供了可能，便于实现农业的产业化和现代化。

二、农作物生产机械化涵盖的环节

农作物生产机械化涵盖了多个环节。

（一）耕整地机械化

耕整地机械化是农作物生产机械化的重要环节，主要包括以下几个方面。

1. 耕地机械

（1）铧式犁。通过犁铧切入土壤并翻转土层，达到疏松土壤、加深耕层的目的。适用于熟地耕作和开垦荒地。

（2）圆盘犁。利用圆盘的旋转切割和翻转土壤，对土壤的适应性较强，尤其在黏重土壤和多草荒地效果较好。

（3）旋耕机。通过刀片的高速旋转切碎土壤，并将其混合搅拌，使土壤细碎平整。一般用于浅耕和碎土作业。

2. 整地机械

（1）耙。有圆盘耙、钉齿耙等类型，用于破碎土块、平整地面、耙碎根茬和清除杂草等。

（2）镇压器。用于压实土壤，减少土壤孔隙，保持土壤水分，利于种子发芽和作物生长。

（3）起垄机。能够按照要求筑起规整的垄，便于种植和灌溉。

3. 耕整地机械化的优点

（1）提高作业效率。相比传统的人力和畜力作业，机械能够在短时间内完成大面积的耕地整地工作。

（2）改善耕地质量，机械作业能够更均匀地疏松土壤，打破犁底层，提高土壤的通气性和保水性。

（3）节省劳动力。减少了对大量人力的需求，降低了劳动强度。

（4）适应农时。能够快速完成作业，确保农作物按时播种，不错过最佳农时。

例如，在大规模的农田中，使用大型拖拉机牵引铧式犁进行深耕作业，然后用圆盘耙进行耙地和平整，为后续的播种创造了良好的土壤条件。在一些小型农田或地形复杂的地区，小型旋耕机和手扶式耙也能够发挥灵活高效的作用。

然而，耕地整地机械化也存在一些问题，如机械购置和维护成本较高、部分机械对土壤结构可能造成一定破坏、在山区和小块农田作业受限等。为了更好地发挥耕整地机械化的优势，需要根据不同地区的土壤条件、种植制度和经济状况，选择合适的机械设备和作业方式，并加强机械的维护和保养，提高操作人员的技术水平。

（二）种植机械化

种植机械化是农作物生产机械化中的关键环节，涵盖了多种作物的播种和栽植过程的机械化操作。

主要的种植机械化设备和技术包括以下几个方面。

1. 播种机械

（1）条播机。按照一定的行距将种子均匀地播撒在种沟内，适用于小麦、谷子等作物。

（2）穴播机。能够按照预定的株距和行距进行点播，常用于玉米、棉花等作物。

（3）精密播种机。实现精量播种，控制种子的播量和播深，提高播种精度和种子利用率。

2. 栽植机械

（1）水稻插秧机。将育好的秧苗有序地插入水田中，替代人工插秧，提高效率和插秧质量。

（2）蔬菜移栽机。用于将育好的蔬菜苗移栽到大田，保证株距和栽植深度的一致性。

3. 种植机械化的优势

（1）提高种植效率。大幅缩短种植时间，确保作物在适宜的季节及时播种或栽植。

（2）保证种植质量。精确控制播种量、株距、行距和播深，有利于作物生长和田间管理。

（3）节省劳动力。减少人工劳动强度和对大量人力的需求。

（4）增加作物产量。良好的种植一致性和规范性有助于提高作物的群体生长优势，从而增加产量。

例如，在大规模的玉米种植中，使用精量穴播机能够准确控制播种的株距和深度，保证玉米苗的整齐度和生长一致性，为后期的田间管理和高产打下基础。在水稻产区，高速插秧机的应用不仅提高了插秧效率，还保证了插秧的质量，减少了漏插和漂秧现象。

不过，种植机械化也面临一些挑战，如机械设备的适应性问题，不同地区的土壤条件、种植习惯和作物品种可能需要特定的设备和调整；设备成本较高，对于一些小规模农户来说可能存在经济压力等。但随着技术的不断进步和农业生产规模的扩大，种植机械化的应用范围和效果将不断提升。

（三）田间管理机械化

田间管理机械化是农作物生产机械化的重要组成部分，旨在提高田间作业效率、保障作物生长环境和提升农产品质量。

主要的田间管理机械化技术和设备包括以下几个方面。

1. 植保机械化

（1）喷雾机。有背负式、担架式、自走式、无人机等多种类型。能够高效、均匀地喷洒农药、除草剂和叶面肥等，防治病虫害和提供作物营养。

（2）喷粉机。用于粉剂农药的喷撒。

2. 施肥机械化

（1）撒肥机。通过机械方式将固体肥料均匀撒施在田间。

（2）液体施肥机。可以精准控制施肥量和施肥位置，实现变量施肥。

3. 灌溉机械化

（1）渠道灌溉系统。包括水泵、渠道、闸门等，实现大面积的灌溉。

（2）喷灌设备。有固定式、移动式和卷盘式等，通过喷头将水均匀喷洒在田间。

（3）微灌设备。如滴灌、微喷灌等，能够精确控制灌水量，节约用水。

4. 中耕除草机械化

中耕机可以松土、除草、培土，改善土壤通气性和保墒能力。

5. 田间管理机械化的优点

（1）提高作业效率和质量。快速、精准地完成各项田间管理任务，减少人工操作的误差。

（2）节约资源。如精准施肥和节水灌溉技术能够减少肥料和水资源的浪费。

（3）降低劳动强度。减少农民在高温、高湿等恶劣环境下的劳动。

（4）及时响应。能够在病虫害发生初期和作物需肥、需水关键期及时进行管理。

例如，在果园中，使用植保无人机进行病虫害防治，不仅效率高，而且能够覆盖到人工难以到达的区域。在设施农业中，采用滴灌系统可以精确控制灌水量和灌溉时间，提高水资源利用效率，同时减少土壤板结。

然而，田间管理机械化也存在一些问题，如设备的购置和维护成本较高，部分小型农户难以承受；技术的复杂性需要农民具备一定的操作和维修技能；某些山区或小块分散农田的机械化作业难度较大等。但随着农业现代化的推进和技术创新，田间管理机械化将不断完善和普及。

（四）收获机械化

收获机械化是农作物生产机械化中至关重要的一环，对于提高农业生产效率、保障农产品质量和减少劳动力投入具有重要意义。

主要的收获机械化设备包括以下几个方面。

1. 谷物收获机械

（1）联合收割机。能够一次性完成谷物的收割、脱粒、分离、清选和装袋等作业。根据作物的不同，分为小麦联合收割机、水稻联合收割机等。

（2）割晒机。先将谷物割倒并铺放成条，然后进行晾晒，再用脱粒机进行脱粒。

2. 经济作物收获机械

（1）玉米收获机。分为摘穗型、穗茎兼收型和籽粒直收型等，适应不同的种植模式和收获需求。

（2）棉花收获机。机械采摘和气流采摘等方式，大大提高了棉花采摘效率。

（3）花生收获机。可以完成挖掘、分离和收集等作业。

3. 蔬菜收获机械

（1）叶菜类收获机。如甘蓝收获机、白菜收获机等，能够实现切割、输送和收集。

（2）根茎类收获机。如马铃薯收获机、萝卜收获机等，用于挖掘和分离地下根茎作物。

4. 收获机械化的优势

（1）提高收获效率。在短时间内完成大量农作物的收获，确保及时收获，减少损失。

（2）保证收获质量，降低人工收获过程中的损伤，提高农产品的品质和商品性。

（3）减轻劳动强度，使农民从繁重的体力劳动中解脱出来。

（4）促进农业产业化，为大规模种植和农产品加工提供了基础。

例如，在大规模的小麦产区，使用大型联合收割机能够在几天内完成数千亩（1亩≈667m²）小麦的收获。在玉米主产区，新型玉米收获机不仅提高了收获效率，还减少了玉米粒的破损和损失。

不过，收获机械化也面临一些挑战，如机械设备的适应性和通用性有待提高，不同地区、不同品种的农作物需要特定的收获设备；设备投资较大，回本周期较长；部分复杂地形或小块农田不利于大型收获机械作业等。但随着技术的进步和农业生产模式的转变，收获机械化的水平将不断提升，为农业现代化发展提供有力支撑。

（五）产后处理机械化

产后处理机械化是农作物生产机械化链条中的重要一环，涵盖了农作物收获后的一系列处理环节。

主要包括以下几个方面。

1. 干燥机械化

（1）谷物烘干机。通过控制温度和通风，快速降低谷物的水分含量，防止霉变，保证储存质量。

（2）果蔬烘干机。用于水果、蔬菜等的脱水处理，便于长期保存或加工。

2. 清选和分级机械化

（1）清选机。去除农作物中的杂质、瘪粒、破损粒等，提高产品质量。

（2）分级机。按照大小、重量、色泽等标准对农产品进行分级，满足不同市场需求。

3. 加工机械化

（1）粮食加工设备。如碾米机、磨粉机等，将谷物加工成成品粮。

（2）果蔬加工设备。如榨汁机、罐头生产线等，对水果和蔬菜进行深加工。

4. 储存机械化

（1）粮仓。配备通风、测温、控湿等设备，保证粮食安全储存。

（2）冷库。用于果蔬、肉类等的冷藏保鲜。

5. 产后处理机械化的优点

（1）提高农产品附加值。经过精细处理和加工，增加农产品的经济价值。

（2）保证产品质量和安全。减少因处理不当导致的品质下降和食品安全问题。

（3）延长储存期。通过干燥、冷藏等手段，延长农产品的供应周期。

（4）提升市场竞争力。分级和加工后的农产品更符合市场标准，增强市场竞争力。

例如，在粮食产区，使用大型烘干机对刚收获的粮食进行快速干燥，然后通过清选机去除杂质，再根据质量分级储存或销售。在水果产区，现代化的冷库能够有效延长水果的保鲜期，实现错峰销售，提高经济效益。

然而，产后处理机械化也存在一些问题，如设备成本较高，一些小型农业生产者难以承担；部分技术和设备的适用性还需进一步提高，以适应不同地区和农产品的特点；专业操作人员缺乏等。但随着农业产业的发展和技术创新，产后处理机械化将不断完善和普及。

第四节　测控技术与农业生产智能化

一、测控技术

测控技术在农业生产智能化中发挥着至关重要的作用，极大地提升了农业生产的效率、质量和可持续性。

测控技术包括测量技术和控制技术，其在农业生产智能化中的应用体现在以下几个方面。

（一）环境监测

利用传感器实时监测土壤湿度、温度、酸碱度、肥力等参数，以及空气温度、湿度、光照强度、二氧化碳浓度等环境因素。

例如，通过土壤湿度传感器，精准掌握土壤水分状况，为灌溉决策提供依据。

（二）作物生长监测

采用图像识别技术、光谱分析等手段，对作物的生长状况进行监测，包括植株高度、叶面积、病虫害情况等。

例如，利用高光谱成像技术，可以早期诊断作物的病害，及时采取防治措施。

（三）精准灌溉与施肥

根据环境监测和作物生长监测的数据，实现精准灌溉和变量施肥。

例如，智能灌溉系统能够根据土壤湿度自动调节灌溉水量，变量施肥机可以根据土壤肥力地图调整施肥量和施肥位置。

（四）设施农业中的应用

在温室大棚中，测控技术可以自动调节温度、湿度、光照、通风等环境条件，为作物创造最佳的生长环境。

例如，当光照不足时，自动开启补光灯；温度过高时，启动通风设备。

（五）农业机械智能化控制

为农业机械配备定位系统、自动驾驶系统和作业监测系统，提高作业精度和效率。

例如，自动驾驶的拖拉机能够按照预设的路线进行耕地作业，保证作业的一致性和准确性。

（六）农产品质量检测

运用无损检测技术，如近红外光谱、声学检测等，对农产品的品质进行快速、无损检测，确保农产品符合质量标准。

测控技术使得农业生产能够更加精细化、智能化和自动化，降低了劳动强度，提高了资源利用效率，增加了农产品的产量和质量。

二、农业生产智能化

农业生产智能化是将现代信息技术、智能设备和创新理念应用于农业生产的各个环节，以实现更高效、精准、可持续的农业生产方式。

（一）特点和优势

1. 精准感知与监测

利用传感器、卫星遥感、无人机等技术，实时精确地获取农田的土壤状况、气象条件、作物生长态势等信息。

2. 智能决策与管理

基于大数据分析和人工智能算法，为种植、养殖过程中的灌溉、施肥、病虫害防治、饲料投喂等提供科学的决策建议。

3. 自动化与机械化作业

如自动驾驶的农业机械、自动灌溉系统、智能温室控制设备等，提高作业效率和质量，降低人工劳动强度。

4. 资源高效利用

根据作物需求精准投入水肥药等资源，避免浪费，降低对环境的污染。

5. 质量追溯与安全保障

通过物联网技术全程追溯农产品的生产过程，确保农产品的质量安全。

6. 优化农业产业链

实现生产、加工、销售等环节的信息互联互通，提高农业产业的整体效益。

（二）农业生产智能化的发展现状和趋势

农业生产智能化是现代农业发展的重要方向。

1. 发展现状

（1）技术进步。随着物联网、大数据、人工智能等技术的不断发展，农业生产中的智能化设备和系统不断涌现，如智能传感器、无人机、自动驾驶拖拉机等。

（2）应用增加。智能化技术在农业生产的各个环节得到应用，包括种植、养殖、灌溉、施肥等，提高了生产效率和质量。

（3）数据驱动决策。通过收集和分析农业生产数据，农民可以更好地了解作物生长情况、土壤状况等，从而做出更科学的决策。

2. 发展趋势

（1）更加智能化。随着技术的不断进步，农业生产将变得更加智能化，如通过人工智能实现自动化的种植和养殖管理。

（2）精准农业。利用物联网和大数据技术，实现对农业生产的精准控制，如精准施肥、精准灌溉等，提高资源利用效率。

（3）绿色农业。智能化技术将有助于实现农业的可持续发展，如通过减少农药和化肥的使用，降低对环境的污染。

（4）产业链整合。农业生产智能化将促进农业产业链的整合，实现生产、加工、销售等环节的协同发展。

（5）人才需求增加。农业生产智能化需要具备相关技术和知识的人才，因此对农业人才的需求将增加。

需要注意的是，农业生产智能化的发展还面临一些挑战，如技术成本高、农民对新技术的接受度低等。因此，需要政府、企业和农民共同努力，推动农业生产智能化的发展。

第五节　农作物秸秆及畜禽粪便
资源化利用技术与推广

一、农作物秸秆及畜禽粪便资源化利用的重要性

（一）环境保护

（1）减少污染。避免秸秆露天焚烧和畜禽粪便随意排放，

降低大气污染、水污染和土壤污染，改善农村生态环境。

（2）减少温室气体排放。合理处理和利用可以减少甲烷等温室气体的排放，有助于应对气候变化。

（二）资源节约

（1）替代传统资源。转化为能源（如沼气）、肥料等，减少对化石能源和化学肥料的依赖。

（2）循环利用。实现农业废弃物的内部循环，提高资源利用效率。

（三）土壤改良

（1）提升土壤肥力。秸秆还田和畜禽粪便制成的有机肥可以增加土壤中的有机质含量，改善土壤结构，提高土壤保水保肥能力。

（2）调节土壤酸碱度。有助于维持土壤的酸碱平衡，创造更适宜作物生长的土壤环境。

（四）农业可持续发展

（1）促进生态农业。形成生态友好的农业生产模式，保障农业的长期稳定发展。

（2）降低农业成本。减少化肥和农药的使用量，降低生产成本。

（五）能源供应

生产生物能源，如通过厌氧发酵产生沼气，用于发电、供热等，缓解能源压力。

（六）增加农民收入

形成新的产业，如秸秆加工、有机肥生产等，为农民创造额外的经济收入来源。

（七）保障粮食安全

良好的土壤条件有助于提高农作物产量和品质，保障粮食的稳定供应。

例如，某地通过推广秸秆腐熟还田技术，土壤肥力明显提升，化肥使用量减少，农作物产量和品质均有所提高。同时，利用畜禽粪便建设沼气池，为农户提供了清洁能源，减少了能源开支。

农作物秸秆及畜禽粪便的资源化利用对于环境保护、资源节约、农业可持续发展和农民增收等方面都具有极其重要的意义。

二、农作物秸秆资源化利用

农作物秸秆的资源化利用具有多种途径和重要意义，以下是一些常见的利用方式。

（一）肥料化

农作物秸秆资源化利用中的肥料化途径具有重要意义和多种实现方式。

1. 直接还田

（1）粉碎还田。将秸秆粉碎成小段，均匀撒在田间，然后通过犁耕等方式将其翻埋入土。这种方法能增加土壤有机质含量，改善土壤结构，提高土壤保水保肥能力。

（2）覆盖还田。把整株或切段的秸秆直接铺盖在农田表面，可以减少土壤水分蒸发，抑制杂草生长，待其自然腐解后还能提升土壤肥力。

2. 堆肥

（1）好氧堆肥。将秸秆与畜禽粪便、厨余垃圾等有机废弃物混合，调节碳氮比、水分和通气条件，在有氧环境下通过微生物分解有机物，经过一段时间腐熟成为优质的有机肥料。

（2）厌氧堆肥。在缺氧条件下进行发酵，产生的沼渣也是一种富含养分的肥料。

例如，在一些大规模的农业种植区，采用机械化的粉碎还田设备，能够高效地将大量秸秆直接还田，为下季作物提供养分。而在一些小型农场或农户中，通过手工或简易工具进行覆盖还田，也能起到一定的土壤改良作用。

堆肥方面，有的养殖场将畜禽粪便与秸秆混合进行好氧堆肥，生产的有机肥用于周边农田，实现了养殖废弃物和秸秆的协同处理和资源化利用。

然而，秸秆肥料化利用也存在一些问题，如还田时可能导致病虫害传播、短期内分解较慢影响当季作物生长等。但通过合理的处理方式和技术改进，这些问题可以逐步得到解决，进一步提高秸秆肥料化利用的效果和效益。

（二）饲料化

农作物秸秆资源化利用中的饲料化是一种有效的途径，具有诸多优势和具体的实现方式。

1. 青贮

（1）原理。在农作物秸秆新鲜、含水量较高时，将其切碎并密封储存，在厌氧环境下，乳酸菌发酵产生乳酸，降低pH 值，抑制有害微生物生长，从而保存秸秆的营养价值。

（2）适用秸秆。玉米秸秆、高粱秸秆等含糖量较高的秸秆较为适合青贮。

（3）优点。能较好地保留秸秆中的营养成分，如蛋白质、维生素等，且具有较好的适口性，易于家畜消化吸收。

2. 氨化

（1）方法。将秸秆与氨源（如尿素、氨水等）混合，在一定的温度和湿度条件下处理一段时间。

（2）作用。破坏秸秆中的纤维素和木质素结构，提高秸秆的蛋白质含量和消化率。

（3）适用范围。麦秸、稻草等质地较硬、营养价值较低的秸秆经氨化处理后，可作为优质饲料。

3. 微贮

（1）流程。利用微生物菌剂对秸秆进行发酵处理。

（2）效果。改善秸秆的营养价值和口感，增加有益微生物的含量。

例如，在一些养牛场，青贮的玉米秸秆是牛冬季的主要饲料来源之一。经过青贮处理的秸秆，不仅保存时间长，牛还很爱吃，能够保证其营养需求。

在一些农村地区，农民将麦秸进行氨化处理后用来喂羊，提高了羊对秸秆的采食量和消化率。

（三）能源化

农作物秸秆资源化利用中的能源化途径具有重要意义和多样的实现方式。

1. 生物质发电

（1）原理。将收集到的大量农作物秸秆进行燃烧，产生的热能转化为蒸汽驱动涡轮机发电。

（2）优势。能够大规模处理秸秆，产生稳定的电力供应，并入电网。

例如，一些地区建立了专门的生物质发电厂，以周边农田的秸秆为主要燃料。

2. 沼气生产

（1）过程。通过厌氧发酵，将秸秆与畜禽粪便等有机废弃物混合在沼气池内，微生物分解产生沼气（主要成分是甲烷和二氧化碳）。

（2）用途。沼气可用于炊事、照明、取暖，沼渣沼液可作为优质的有机肥料。

例如，在农村地区，许多农户建设了小型沼气池，利用自家的秸秆和畜禽粪便生产沼气，满足日常生活能源需求。

3. 固化成型燃料

（1）制作。将秸秆经过粉碎、压缩等工艺，制成固体燃料，如颗粒状或块状。

（2）应用。可用于家庭取暖、工业锅炉燃烧等。

（3）优点。能量密度高，储存和运输方便，燃烧效率较高。

4. 热解气化

（1）原理。在缺氧条件下对秸秆进行高温热解，产生可燃气体（如一氧化碳、氢气等）和生物质炭。

（2）用途。可燃气体可用于发电或供热，生物质炭可用于土壤改良或作为吸附剂。

农作物秸秆的能源化利用不仅有效解决了秸秆的处置问题，还为能源供应提供了补充，减少了对传统化石能源的依赖。但在推广过程中，也需要考虑成本、技术成熟度和能源转化效率等因素，以实现可持续和高效的利用。

（四）基料化

农作物秸秆资源化利用中的基料化具有重要价值和多种应用方式。

1. 食用菌栽培基料

（1）原理。利用农作物秸秆富含的纤维素和木质素等成分，为食用菌提供生长所需的基质。

（2）常见秸秆。玉米芯、棉籽壳、麦秸等常被用于平菇、香菇、金针菇等食用菌的栽培。

（3）优势。降低食用菌生产成本，同时实现秸秆的高效利用。

例如，将玉米芯经过粉碎、消毒等处理后，作为栽培平菇的基料，平菇生长良好，经济效益显著。

2. 育苗基质

（1）用途。将秸秆加工处理后，与其他材料混合制成育苗基质，为幼苗提供适宜的生长环境。

（2）特点。具有良好的透气性、保水性和肥力，有助于提高幼苗的成活率和生长质量。

例如，在蔬菜育苗中，使用含有一定比例秸秆的基质，能够促进幼苗根系发育。

3. 无土栽培基质

（1）应用。在无土栽培系统中，秸秆可以作为基质的一部分，为植物提供支撑和养分。

（2）处理方式。通常需要经过腐熟、消毒等工序，以去除有害物质和病原体。

例如，在一些花卉的无土栽培中，使用经过处理的秸秆基质，取得了较好的栽培效果。

农作物秸秆的基料化利用不仅开辟了秸秆资源化的新途径，还为农业生产提供了丰富的基料资源，促进了农业的可持续发展。但在实际应用中，要注意基料的配方优化和质量控制，以满足不同作物的生长需求。

（五）工业原料化

农作物秸秆在资源化利用中的工业原料化方面具有以下应用。

1. 造纸原料

（1）利用方式。秸秆中的纤维素成分可以用于造纸工业，经过一系列处理工艺，生产出各类纸张。

（2）优势。相较于传统的木材造纸原料，秸秆来源广泛，成本相对较低，且能减少对森林资源的依赖。

例如，某些造纸厂会采用一定比例的秸秆与木浆混合来制造纸张，在保证纸张质量的同时降低成本。

2. 人造板材

（1）生产过程。将秸秆进行粉碎、胶合、压制等处理，制成人造板材，如纤维板、刨花板等。

（2）性能特点。具有一定的强度和稳定性，可用于家具制造、建筑装修等领域。

例如，利用秸秆制造的板材应用在一些室内装修中，其环保性能逐渐受到关注。

3. 生物化工原料

（1）提取成分。从秸秆中提取纤维素、半纤维素、木质素等成分，用于生产生物燃料、生物塑料、生物基化学品等。

（2）发展前景。随着生物技术的不断进步，秸秆在生物化工领域的应用潜力巨大。

例如，通过生物技术将秸秆中的纤维素转化为乙醇等生物燃料。

4. 编织材料

（1）传统工艺。将秸秆编织成草帽、草席、草帘等生活用品和农业生产用品。

（2）创新应用。现代工艺可以将秸秆加工成更精致的编织工艺品或装饰材料。

例如，在一些农村地区，仍保留着用秸秆编织生活用品的传统。

农作物秸秆的工业原料化利用，为秸秆的综合利用提供了更多的可能性，有助于提高秸秆的附加值，推动相关产业的发展。但在工业原料化过程中，需要注重环保处理和技术创新，以提高资源利用效率和减少环境污染。

三、畜禽粪便资源化利用

畜禽粪便的资源化利用具有重要意义和多种可行的方式。

（一）肥料化利用

畜禽粪便的肥料化利用是一种常见且有效的资源化方式，主要包括以下几种形式。

1. 好氧堆肥

（1）过程。将畜禽粪便与秸秆、稻壳、木屑等调理剂按一定比例混合，调节水分和碳氮比。通过定期翻堆或通风，为好氧微生物提供适宜的生长环境，促使有机物分解腐熟。

（2）优点。操作相对简单，成本较低，堆肥产品质量稳定。

例如，一家养鸡场将鸡粪与粉碎的秸秆混合进行堆肥，经过2~3个月的腐熟，制成了优质的有机肥料，用于周边果园的施肥。

2. 厌氧发酵制肥

（1）方法。将畜禽粪便投入沼气池，在密闭无氧条件下，通过厌氧微生物的作用产生沼气和沼肥。

（2）沼肥特点。沼液富含氮、磷、钾等营养成分和氨基酸、维生素等，沼渣含有丰富的有机质和腐殖质。

例如，某养猪场利用沼气池处理猪粪，产生的沼液通过灌溉系统用于农田施肥，沼渣则作为基肥施入土壤，提高了土壤肥力和作物产量。

3. 直接还田

（1）方式。在经过一定的处理（如干燥、腐熟）后，将畜禽粪便直接施用于农田。

（2）注意事项。需要控制施用量和施用时间，避免因过量施用导致土壤污染和作物生长不良。

例如，在一些农村地区，农户将腐熟的牛粪直接施入农田，为作物提供养分，但需要注意均匀撒施和与土壤充分混合。

4. 生产商品有机肥

（1）流程。对畜禽粪便进行收集、除臭、脱水、发酵、干燥、粉碎、配料、造粒等一系列加工处理，制成标准化的商品有机肥。

（2）优势。便于储存、运输和使用，质量有保障。

例如，一家大型养殖场与肥料生产企业合作，将大量的畜禽粪便加工成商品有机肥，销售到全国各地，满足了不同地区农业生产的需求。

畜禽粪便的肥料化利用不仅能够减少环境污染，还能为农业生产提供优质的有机肥料，促进土壤改良和农业可持续发展。但在实际应用中，需要遵循相关的环保标准和农业技术规范，确保肥料化利用的安全和有效。

（二）能源化利用

畜禽粪便的能源化利用主要有以下几种方式。

1. 沼气生产

（1）原理。在厌氧环境中，微生物分解畜禽粪便中的有机物，产生以甲烷为主的沼气。

（2）应用。

①家庭用能：沼气可用于炊事、照明、取暖等，满足农村家庭的部分能源需求。

②发电：通过沼气发电机组将沼气转化为电能，为养殖场

或周边地区供电。

例如，某大型养猪场建设了沼气池，所产沼气用于场内员工生活用气和养殖场的照明，剩余的沼气用于发电，满足部分生产用电需求。

2. 生物天然气

（1）处理过程。对畜禽粪便进行预处理和提纯净化，去除杂质和二氧化碳等成分，提高甲烷含量，使其达到天然气标准。

（2）优势。可并入天然气管网，作为清洁能源广泛应用。

例如，一些地区建立了集中式的生物天然气工程，收集周边多个养殖场的粪便，生产的生物天然气供应居民和企业使用。

3. 直接燃烧供热

（1）方式。将干燥后的畜禽粪便直接燃烧，产生热能用于供暖或烘干等。

（2）适用场景。适用于养殖场、农产品加工厂等需要热能的场所。

例如，在冬季，一些养鸡场将鸡粪干燥后燃烧，为鸡舍提供供暖。

畜禽粪便的能源化利用有助于减少传统能源的消耗，降低温室气体排放，同时实现废弃物的资源化利用。但在能源化利用过程中，需要注意环境保护和安全生产，确保设施的稳定运行和气体的安全使用。

（三）饲料化利用

畜禽粪便的饲料化利用是一种特殊但具有一定潜力的资源化方式，需要严格地处理和监管。以下是一些常见的饲料化利用方法。

1. 蝇蛆养殖

（1）原理。利用蝇蛆能够分解畜禽粪便中有机物的特点，将畜禽粪便作为蝇蛆的培养基质。蝇蛆在生长过程中摄取粪便中的营养物质，同时将粪便中的有害物质进行转化和降解。

（2）优点。蝇蛆富含蛋白质和多种营养成分，可作为优质的动物蛋白饲料，能够实现粪便的减量化和无害化处理。

例如，一些养鸡场将鸡粪收集后用于养殖蝇蛆，蝇蛆长大后可作为鱼、鸡等动物的饲料。

2. 蚯蚓养殖

（1）方法。把畜禽粪便作为蚯蚓的食物来源，蚯蚓通过消化分解粪便中的有机物，并将其转化为富含腐殖质和营养物质的蚯蚓粪。

（2）作用。蚯蚓本身可作为高蛋白饲料，蚯蚓粪是优质的有机肥料。

例如，某养猪场周边建设了蚯蚓养殖场，利用猪粪养殖蚯蚓，蚯蚓用于水产养殖饲料，蚯蚓粪则用于农田施肥。

需要注意的是，虽然畜禽粪便经过处理可以转化为饲料，但其中可能存在病原体、寄生虫卵和药物残留等问题，因此在饲料化利用过程中，必须严格遵循相关的卫生标准和法律法规，对粪便进行充分的无害化处理和检测，以确保饲料的安全性和质量。

（四）基质化利用

畜禽粪便的基质化利用主要有以下几种方式和应用。

1. 无土栽培基质

（1）制作方法。将畜禽粪便经过发酵、腐熟、消毒等处理后，与泥炭、蛭石、珍珠岩等材料按照一定比例混合，制成无土栽培基质。

（2）应用场景。用于蔬菜、花卉、瓜果等植物的无土栽培，提供植物生长所需的养分和良好的根系生长环境。

例如，在温室大棚中，使用以畜禽粪便为基础的无土栽培基质种植草莓，既能保证草莓的生长需求，又能减少土壤病虫害的发生。

2. 食用菌栽培基质

（1）处理过程。对畜禽粪便进行高温灭菌、发酵等处理，调配合适的碳氮比，然后作为食用菌（如香菇、平菇、木耳等）的栽培基质。

（2）优点。为食用菌生长提供营养，同时实现畜禽粪便的资源化利用。

例如，一些食用菌种植户利用鸡粪和牛粪混合制成的基质来栽培香菇，取得了较好的经济效益。

3. 育苗基质

（1）制备。将畜禽粪便经过处理后，与蛭石、草炭等材料混合，制作成育苗基质。

（2）作用。为幼苗提供适宜的生长条件，促进幼苗根系发育和生长。

例如，在果树育苗中，使用含有畜禽粪便的育苗基质，提高了幼苗的成活率和质量。

在进行畜禽粪便的基质化利用时，要严格控制粪便的处理过程，确保基质中没有病原体、杂草种子等有害物质，同时要根据不同植物的需求，合理调整基质的配方和理化性质，以达到最佳的栽培效果。

第三章　果蔬种植推广

第一节　高标准农田建设高效节水灌溉模式

一、高标准农田高效节水灌溉技术的应用价值

高标准农田高效节水灌溉技术的应用价值主要体现在以下几个方面。

（一）提升水资源利用效率

高效节水灌溉技术可以加快水利循环系统的创建速度，在确保农作物健康生长的同时，有效提升水资源利用效率，避免水资源浪费。特别是在干旱、半干旱地区，该技术能充分发挥有限水资源的价值，为农田水利工程的持续优化奠定基础。

（二）加快新技术创新速度

目前已投入使用的节能灌溉技术包括滴灌技术、渠道防渗技术、膜上灌技术、步行式灌溉技术等，这些技术为后续新技术的研发提供了参考。在实际应用中，也需要根据区域实际情况来完成技术创新，借此来提升技术应用结果的高效性，为当地农业经济发展贡献重要力量。

（三）提升农业规划合理性

发展节水灌溉技术可以充分提升农业规划内容的合理性，契合目前新农业发展要求。农业农村部门通过采用高效的节水

灌溉技术，一方面可以根据积累经验，有序展开农田规划工作；另一方面可以促进农业生产结构的优化调整，为现代化农业发展带来积极影响。

二、高标准农田中的高效节水灌溉技术

高标准农田中的高效节水灌溉技术主要包括以下几种。

（一）滴灌技术

（1）工作原理。通过滴头将水一滴一滴地均匀而缓慢地滴入作物根区附近土壤中。

（2）优点。

①精准供水：能够直接将水输送到作物根部，减少水分蒸发和渗漏，节水效果显著。

②提高肥料利用率：可以结合施肥，将肥料溶液随水滴入土壤，提高肥料的利用率。

③适应复杂地形：适用于山地、丘陵等复杂地形。

（二）喷灌技术

（1）分类。有固定式、半固定式和移动式喷灌。

（2）工作方式。利用喷头将水喷射到空中，形成细小的水滴均匀地洒在田间。

（3）优点。

①均匀灌溉：灌溉均匀度高，能有效满足作物的水分需求。

②节省人力：自动化程度相对较高，节省劳动力。

（三）微喷灌技术

（1）特点。介于滴灌和喷灌之间，喷头的出水孔径较滴灌大，比喷灌小。

（2）优点。兼具滴灌和喷灌的优点，既能节水，又能均

匀灌溉，对土壤和地形的适应性较强。

（四）渠道防渗技术

（1）措施。通过采用混凝土、塑料薄膜、灰土等材料对渠道进行衬砌，减少水在渠道输送过程中的渗漏损失。

（2）优点。

①提高输水效率：减少渠道渗漏，增加水资源的有效利用。

②延长渠道使用寿命：减少水流对渠道的冲刷和侵蚀。

（五）膜下滴灌技术

（1）结合方式。将滴灌技术与覆膜种植相结合。

（2）优点。

①保水保墒：减少土壤水分蒸发，保持土壤墒情。

②抑制杂草生长：膜下环境不利于杂草生长，减少除草工作量。

这些高效节水灌溉技术在高标准农田建设中发挥着重要作用，有助于提高水资源利用效率，促进农业增产增效。

三、高标准农田建设高效节水灌溉技术的推广策略

要推动高标准农田高效节水灌溉技术的普及应用，可以从以下几个方面着手。

（一）加强政策支持

（1）政府出台相关优惠政策，如补贴、税收减免等，鼓励农民和农业企业采用高效节水灌溉技术。

（2）设立专项资金，用于技术研发、设备购置和示范项目建设。

（二）开展技术培训与推广

（1）组织专业技术人员深入农村，为农民提供面对面的培训，讲解节水灌溉技术的原理、操作方法和优势。

（2）举办示范现场会，让农民亲眼看到技术的实际效果，增强他们的信心和兴趣。

（三）完善基础设施建设

（1）加大对农田水利基础设施的投入，修建和改造灌溉渠道、管道等，提高输水效率。

（2）建立健全的水资源监测和管理系统，为精准灌溉提供数据支持。

（四）创新农业经营模式

（1）推动土地流转和规模化经营，便于集中推广和应用节水灌溉技术。

（2）发展农民专业合作社和农业产业化联合体，共同承担技术应用的成本和风险。

（五）强化科技研发

（1）加大对节水灌溉技术的研发投入，不断改进和创新技术，提高其适用性和经济性。

（2）加强与科研院校的合作，促进科技成果转化和应用。

（六）建立激励机制

（1）对积极采用高效节水灌溉技术且效果显著的农户和农业企业给予表彰和奖励。

（2）优先为采用节水技术的地区提供农业项目支持和信贷优惠。

（七）提高农民意识

（1）通过宣传教育，使农民了解水资源短缺的严峻形势和节水灌溉的重要性。

（2）利用媒体、网络等渠道，广泛传播节水灌溉技术的知识和成功案例。

（八）开展试点示范

（1）在不同地区建立高标准农田高效节水灌溉技术的试点示范区，总结经验，逐步推广。

（2）鼓励农户参与试点项目，分享经验和成果。

通过以上综合措施的实施，可以有效推动高标准农田高效节水灌溉技术的普及应用，提高农业水资源利用效率，促进农业可持续发展。

第二节　林下种养技术

一、林下种养技术的含义

林下种养技术是一种充分利用林地资源，在树林下开展种植和养殖活动的复合经营模式，有以下几个方面的作用。

（一）空间利用

有效利用树林下的土地空间，在不影响林木正常生长的前提下，进行农作物种植或畜禽养殖。

（二）生态协同

基于林木与种植作物、养殖动物之间的生态关系，形成相互促进、协同发展的生态系统。例如，树木可以为作物和畜禽提供遮阴，降低温度，减少水分蒸发；作物和畜禽的活动可以改善土壤结构，增加土壤肥力。

（三）资源共享

共享林地的自然资源，如水分、土壤养分、光照等。同时，通过合理的规划和管理，减少资源竞争，实现资源的优化配置。

(四) 综合效益

旨在实现经济、生态和社会效益的综合提升。通过林下种植和养殖，增加农业生产的多样性和产出，提高农民的收入；同时有助于保护和改善生态环境，促进林业的可持续发展。

例如，在果园中养鸡，鸡可以吃草籽、昆虫，减少果园病虫害，鸡粪还能为果树提供肥料；在树林下种植喜阴的中药材，既能充分利用土地，又不影响树木生长。

林下种养技术是一种创新的农业生产模式，能够实现林地资源的高效利用和农业的可持续发展。

二、林下种养技术应用方式

林下种养技术是一种将林业与农业、畜牧业相结合的复合式生产模式，具有诸多优点和应用方式。

(一) 林下种植方面

1. 林药模式

选择适合在林下生长的中药材进行种植，如天麻、灵芝、黄连等。树木为药材提供了遮阴、保湿的环境，有利于药材生长。

2. 林菌模式

利用林下阴凉潮湿的环境种植食用菌，如香菇、木耳、平菇等。废弃的菌棒还可以作为林地的肥料。

3. 林菜模式

种植一些耐阴的蔬菜，如韭菜、空心菜、莴笋等。既能增加收入，又能减少杂草生长。

(二) 林下养殖方面

1. 林禽模式

养殖鸡、鸭、鹅等家禽。家禽可以捕食害虫，粪便为树木提供养分。

例如，在核桃林下养鸡，鸡在林间觅食，不仅降低了养殖成本，还减少了核桃林的病虫害。

2. 林畜模式

饲养猪、牛、羊等家畜。但要注意控制养殖规模和密度，避免对林地造成破坏。

例如，在松树林下放养山羊，山羊可以食用林间的杂草，同时其活动有助于疏松土壤。

三、实施林下种养应注意的问题

实施林下种养技术时，需要注意以下几点。

(一) 科学规划

根据林地的树种、树龄、地形、土壤等条件，合理选择种植和养殖的品种及规模。

(二) 生态保护

避免过度开发和破坏林地生态环境，确保林业生产和种养活动的协调发展。

(三) 技术支持

掌握相关的种植和养殖技术，提高生产效益和产品质量。

(四) 市场调研

提前了解市场需求，确保产出的农产品和畜禽产品有良好的销售渠道。

林下种养技术通过合理利用林地资源，实现了生态与经济的双赢，为农业发展开辟了新的途径。

第三节　果树省力化栽培

果树省力化栽培是一种现代化的果树种植模式，旨在通过采用一系列简化管理流程、降低劳动强度和提高生产效率的技术和方法，实现果树生产的高效、优质和可持续发展。

一、特点和技术

其主要特点和技术包括以下几种。

（一）简化树形

采用易于修剪和管理的树形结构，如主干形、"Y"形、开心形等，减少修剪工作量。

（二）矮化密植

选用矮化砧木或矮化品种，增加种植密度，提高单位面积产量，同时便于采摘和管理。

（三）机械化操作

利用果园机械进行施肥、喷药、除草、修剪、采摘等作业，降低人工劳动强度。

（四）生草栽培

在果园行间种植草类，减少土壤水分蒸发，增加土壤有机质，改善果园生态环境，减少除草用工。

（五）水肥一体化

通过管道系统将肥料和水同时精准输送到果树根部，提高水肥利用效率，节省施肥浇水的时间和人力。

（六）病虫害综合防控

采用物理防治、生物防治和化学防治相结合的方法，减少农药使用次数和用量。

例如，某果园采用矮化密植的苹果树，配合机械化修剪和采摘设备，大大提高了工作效率，降低了人工成本。同时，通过水肥一体化系统，精准供应果树所需的养分和水分，提高了果实品质和产量。

二、优点

果树省力化栽培的优点包括以下几个方面。

（1）降低成本。减少劳动力投入，降低生产成本。

（2）提高效率。缩短管理时间，增加果园管理的及时性和准确性。

（3）便于管理。标准化的栽培模式更易于掌握和操作。

三、方法

针对我国目前情况，发展省力化栽培，主要采用以下方法。

（一）选择抗性强、树体矮化的品种

抗性强的品种能减少用药成本和次数，病虫害防治省力。树体矮化的品种一般结果早、易丰产，也易管理，生产成本较低。

（二）实施矮砧宽行密植模式

矮砧宽行密植模式是先进理念和新技术的突破，成为果树发展的主流。采用矮砧宽行密植栽培模式，可以大幅度降低劳动强度，减少果园用工。

（三）实行密植栽培，使树体矮化

目前，许多果园树体高大，有的果树高度甚至超过 5m，果园作业大都架设梯子或爬上树头，劳动强度大，作业极为不便，尤其是采果、修剪等工作更难实施。还有一些老龄果园，采用疏散分层形，结构级次多，树形复杂，整形周期长，用工量大。针对这些情况，无论在老园改造还是新建果园，尽量实行密植栽培，使用矮化树形，降低树高，简化树形结构，减少级次，从而减少果园用工量。

（四）使用抑制激素，控制树体生长

在密植时，使用抑制生长的激素（如多效唑、矮壮素等）能有效控制树体生长，达到控制树冠、早结丰产的目的。如桃树用多效唑控梢效果非常明显，而且促花效果也特别好。

（五）改革土壤管理制度，实施简化管理

改革土壤管理制度，降水量较大或有灌溉条件的地方实行果园生草，干旱区域可进行果园覆草，从而减少土壤耕翻和除草用工。同时长期的生草和覆草，有利于提高土壤有机质含量，肥沃土壤，健壮树势，抵御各种病虫及自然灾害，降低果园用工。

（六）病虫害实行"预防为主，综合治理"

实施病虫害综合治理，根据预测预报，以预防为主，从病虫开始发生时就进行挑治，合理用药，从而减少用药次数，降低果园用工。

（七）采取无袋化栽培

1. 选择着色好的优良品种

选择品质优、上色快、着色度和光洁度均高、抗病、抗逆性强的中晚熟优良新品种。

2. 无害化病虫害防控技术

在预测预报的基础上，了解病虫害发生的基本规律，掌握用药时机和方法，选择安全、低毒、不影响外观品质的药剂，利用无效防治害虫，重点推广灯诱、色诱、性诱、食诱防治害虫技术，并选择使用高效、低毒、低残留的环保型农药，合理使用生物菌肥。

（八）开发果园简易机械

要充分发挥广大果农的创造性，创造出适合我国实际情况的简单易行的果园机械，大幅度解放劳动力，减少果园用工，实施省力化栽培。

第四节　蔬菜工厂化育苗技术

蔬菜工厂化育苗技术是一种采用现代化设施和先进技术，在可控环境下进行大规模、标准化蔬菜种苗培育的方法。

一、技术环节

包括以下几个部分。

（一）设施与环境控制

利用智能温室、育苗大棚等设施，精确调控温度、湿度、光照、通风等环境条件，为种苗提供最适宜的生长环境。

例如，通过安装水帘、风机等设备来调节温度，使用遮阳网和补光灯来控制光照。

（二）基质选择与调配

（1）选用优质的育苗基质，通常由泥炭、蛭石、珍珠岩等按一定比例混合而成，具有良好的透气性、保水性和肥力。

（2）根据不同蔬菜种类和生长阶段，调整基质的配方。

（三）种子处理

对种子进行精选、消毒、催芽等处理，提高种子的发芽率和整齐度。

例如，采用温汤浸种或药剂浸种来消毒，利用恒温箱进行催芽。

（四）精准播种

采用自动化播种设备，实现精准定量播种，提高播种效率和质量。常见的有针式播种机、滚筒式播种机等。

（五）苗期管理

（1）科学灌溉施肥，通过滴灌或喷灌系统进行精准灌溉和施肥。

（2）加强病虫害防控，采用物理防治、生物防治和化学防治相结合的方法。

（六）成苗标准与运输

（1）制定严格的成苗标准，确保种苗健壮、无病虫害。

（2）采用专门的运输工具和包装方式，保证种苗在运输过程中的质量。

例如，一家大型蔬菜工厂化育苗基地，通过精准控制环境和科学管理，每年可为周边蔬菜种植户提供数百万株优质种苗，大大提高了蔬菜种植的效率和质量。

二、蔬菜工厂化育苗技术的特点

1. 优点

（1）种苗质量高。生长环境优越，种苗整齐健壮，抗逆性强。

（2）生产效率高。实现规模化、标准化生产，能快速供应大量优质种苗。

（3）节省劳动力。自动化设备的应用减少了人工操作。

2. 缺点

如初期投资大、运行成本高、技术要求严格等。随着技术的不断改进和成本的降低，蔬菜工厂化育苗技术将在蔬菜产业中发挥越来越重要的作用。

三、工厂化育苗未来发展方向

（一）工厂化育苗的标准需要进一步加强

工厂化的育苗产品对各方面要求都较高，因此，要求严格把控各个工艺流程，才能保证种苗的质量。

将相应的生产工艺和作业过程规范化和标准化，也成为问题的重点。实现相关技术与操作的规范化，也是有效减少种苗投入和确保常年稳定质量的保障手段。

虽然近年来工厂化育苗已经获得了许多重要的进展，但综合来看，当前工厂化育苗的标准化水平仍有待进一步提高。育苗过程包括了种子选择和管理、基质配制、高精量制种、育苗条件控制、水肥调节、病虫害防控，以及幼苗的贮存和运送等多个阶段，其中任何某个阶段的控制存在缺陷，都可能会造成该批次育苗的失败。因此必须针对当地的自然环境以及作物本身的生长特性制定工厂化育苗的作业标准，以进一步提高育苗的规范化程度。

（二）工厂化育苗设备、设施和技术等协同发展

我国的工厂化育苗已从散乱、滞后的面貌逐步向大规模、集约化发展过渡，设施装备通过协调配套、统筹开发"三化"工艺，并结合机械化、自动化和信息化技术，将为未来工厂化育苗提供更先进的解决方案。技术和系统的不断完善，将使工

厂化育苗技术会更加集约化，生产技术也将会更加现代化。

（三）大型化、专业化是未来的发展方向

工厂化育苗的优点之一是运用规模效应，实现减少单一产品成本和提升产品效益的目的，专业化的设备设施能够进行自动化、智能化精确管理，减少人员成本和操作成本，更有效地提高生产效率。通过加强工厂化育苗的建设，促进相关产业的规模化和现代化，以实现可持续发展。

（四）加强产业交流，带动乡村振兴

开创有特色的工厂化育苗技术，积极研发各种作物的嫁接苗，研发有特色的种质资源。同时拓宽特色种苗的营销渠道，与网上平台合作进行多渠道销售，利用现代化的媒体平台，极大地拓宽销售市场，推动销售方式的创新。还可以借助如今比较流行的直播方式，将工厂化育苗的一系列流程向公众开放，普及农业知识，多渠道带动乡村振兴。

第五节　设施结构优化与蔬菜规范化栽培技术集成

设施结构优化与蔬菜规范化栽培技术集成是一种综合性的农业技术体系，旨在提高蔬菜生产的效率和质量，同时减少资源浪费和环境污染。以下是一些常见的技术措施。

一、设施结构优化

（1）选择合适的设施类型。根据当地气候条件和蔬菜品种的需求，选择适合的温室、大棚或其他设施类型。

（2）改进设施设计。优化设施的结构和布局，提高采光、保温和通风性能，为蔬菜生长提供良好的环境条件。

（3）应用新型材料。采用新型的覆盖材料，如透光性好、保温性能强的塑料薄膜或玻璃，提高设施的能源利用效率。

二、蔬菜规范化栽培技术

（1）品种选择。根据市场需求和当地环境条件，选择适合设施栽培的蔬菜品种，并确保其品质和产量。

（2）育苗技术。采用科学的育苗方法，培育壮苗，提高蔬菜的抗逆性和生长势。

（3）栽培管理。合理安排种植密度、施肥、浇水、病虫害防治等栽培管理措施，确保蔬菜的健康生长。

（4）环境控制。通过调节温度、湿度、光照等环境因素，为蔬菜创造适宜的生长条件，提高产量和品质。

（5）智能化技术应用。利用物联网、大数据等智能化技术，实现对设施环境和蔬菜生长的实时监测和精准调控。

三、实现的目标

通过设施结构优化与蔬菜规范化栽培技术的集成应用，可以实现以下目标。

（一）提高蔬菜产量和品质

优化设施结构和栽培技术，为蔬菜提供良好的生长环境，促进蔬菜的生长发育，提高产量和品质。

（二）节约资源

合理利用设施和资源，减少能源消耗和水资源浪费，提高资源利用效率。

（三）减少环境污染

采用绿色防控技术，减少化学农药和化肥的使用，降低环境污染。

（四）提高经济效益

提高蔬菜产量和品质，降低生产成本，提高经济效益。

（五）促进可持续发展

实现资源节约、环境友好和经济效益的有机统一，促进蔬菜产业的可持续发展。

设施结构优化与蔬菜规范化栽培技术集成需要综合考虑多个因素，包括设施设计、栽培管理、环境控制等。在实际应用中，应根据当地的实际情况和需求，选择合适的技术措施，并不断进行创新和改进，以适应不断变化的市场和环境要求。

第六节 日光温室高温闷棚消毒技术

日光温室高温闷棚消毒技术是指在夏季高温季节，利用日光温室的封闭环境和强光照射，通过一系列操作使温室内温度升高到一定程度，并保持一段时间，以达到杀灭病菌、虫卵、杂草种子等有害生物，改良土壤结构，消除土壤连作障碍的一种农业技术措施。

其核心在于利用高温来破坏有害生物的生存环境和生理结构，从而达到消毒和改良的目的。这一技术不仅能够减少化学农药的使用，降低生产成本，还能提高农产品的质量和安全性，保障农业的可持续发展。

一、高温闷棚的目的

（一）杀菌

高温闷棚可有效杀死土传病菌（如镰孢菌、镰刀菌、细菌等）和气传病菌（如晚疫病、霜霉病、灰霉病、叶霉病等）。

（二）防虫

高温闷棚是线虫防治的有效措施，能杀灭 10～20cm 土壤层中的根结线虫幼虫和卵、地上部的虫卵和若虫以及粪肥中的害虫，可以抑制叶螨、蓟马、蛞蝓等害虫大发生。

（三）改土

高温闷棚时可利用秸秆或腐熟发酵的农家肥改良土壤，降低板结程度，使土质更疏松。既提高了土壤的营养物质含量，又避免了生肥烧根。此外，秸秆还可以降低土壤 EC 值，减轻、延缓盐渍化程度。

二、高温闷棚方法

高温闷棚分为两步：第一步是干闷，针对棚室地上部；第二步是湿闷，针对土壤，利用高温杀死温室中的致病原。

（一）干闷

干闷又叫棚室消毒，不影响下茬种植。

把收获后的残茬全部清理出棚外，或直接打碎翻入地里。有机物料腐熟剂闷棚就是直接把残茬打碎施入地里，再施入有机物料腐熟发酵菌剂，要求必须完全腐熟。

保证整个棚室的密闭性，检查保证风口关严，棚膜没有破损。棚内上午喷施三氯异氰尿酸，三氯异氰尿酸药效短，喷施时要喷全、喷透，可适当加大浓度。也可使用百菌清和多菌灵，发生过细菌病害的棚室可添加适量细菌药剂，如春雷霉素。虫害严重的可在下午喷施 50%敌敌畏乳油，后墙、地面、立柱、吊丝等全部都要喷到，杀灭病原孢子。然后关闭通风口，要求气温达到 50~60℃，一般高温、熏蒸 5~7d 就能把病原孢子杀死。

（二）湿闷

湿闷是土壤消毒，以降低病原基数和虫源基数。绝大多数病菌不耐高温，经过 10 多天的热处理即可杀死，如立枯病菌、菌核病菌、黄萎病菌等；有的病菌特别耐高温，如根腐烂病菌、枯萎病菌、根肿病菌等，必须处理 30d 左右才能达到较好效果。有根结线虫的棚室，在施肥时每亩可用阿维菌素有机肥或克线蛆菌有机肥 400kg，可基本消除根结线虫为害。建议种植 3 年以上的棚室 2 年要闷棚 1 次，种植 7 年以上的棚室每年闷棚 1 次。

1. 石灰氮土壤消毒

越冬茬作物拔秧后，每亩撒施粉碎秸秆 1 000~2 000kg 和农家肥 5~10m³，接着每亩施入石灰氮 80~100kg，用旋耕机翻耕 2~3 遍，深度在 30~40cm，按照栽培作物起栽培垄或作畦。覆盖地膜，膜下灌水，水要灌满垄沟或畦面。不添加秸秆进行高温闷棚操作时，对棚室内浇大水，水要浇透，相对湿度达到 100%。密闭棚室高温闷棚，保持棚内高温、高湿状态 25~30d，其中至少要有累计 15d 以上的晴热天气。高温闷棚期间要做好防水工作，防止雨水进入棚内。闷棚结束后要通风放气，移栽前需做安全性发芽试验。

2. 威百亩土壤熏蒸消毒

威百亩消毒技术应用普遍，效果较好，消毒操作方法是：施肥整地，用旋耕机深翻土壤，旋耕 30~40cm，充分碎土，捡净作物残根枯枝等杂物，保持土壤的通透性。旋耕前将所有有机肥施于土壤中。

用药量：42%威百亩水剂 3 500~5 000mL/亩或 35%威百亩水剂 4 000~6 000mL/亩。施药前先准备好农膜，盖膜后灌药，防止药液挥发，减少熏人气味。用土压严四周农膜，确保不跑气、漏气。定期观察，发现漏气及时补救，以免影响药效。

一般覆膜高温熏蒸 10~15d，完成后揭膜，用旋耕机深翻土壤，晾晒 7~10d，整地作畦，开始播种或定植作物。定植前做发芽试验。

3. 碳酸氢铵闷棚消毒

每亩用 8~10 袋（50kg/袋）碳酸氢铵，可加生石灰 8~10 袋（10kg/袋）、粉碎秸秆 3~5m³、秸秆发酵菌剂 300~500g/亩。清除植株残体，把碳酸氢铵和生石灰、粉碎秸秆均匀撒施在地面，或把未腐熟农家肥按 10m³/亩以上标准同时撒施至地里，用旋耕机旋耕 2~3 遍，整地作畦。浇大水，同时加入秸秆发酵菌剂，浇足浇透，覆盖地膜，密闭棚室，高温闷棚 20~30d。要求保证晴朗高温天气 15d 以上，可以达到很好的杀虫灭菌效果。

4. 太阳能二次闷棚消毒

对于土传病虫害较轻或没有虫害的棚室，上茬拉秧后清除枯枝落叶，拔出残根，不用翻耕土壤，旧棚膜不撤，密闭好棚室，利用高温季节干闷。干闷棚一个月以上时间，温度达 60℃以上，可以有效杀灭残留在温室内的各种致病原，既经济又有效。在下茬定植前 15d 前深翻土壤，施入基肥，整地作畦，购买新塑料棚膜。扣膜后再密闭棚室 5~7d，可杀死温室和土壤及农家肥中的各种病菌。2 次高温闷棚杀菌效果显著，放风后进行育苗等操作。

第七节　蔬菜减少蒸发和控制深层渗漏节水技术

蔬菜减少蒸发和控制深层渗漏节水技术是提高水资源利用效率、保障蔬菜生产可持续发展的重要手段。

一、减少蒸发的技术

（一）地面覆盖

（1）地膜覆盖。选用透光率高、保温性好的地膜，有效减少土壤水分的直接蒸发。

（2）秸秆覆盖。将农作物秸秆铺在菜田表面，既能遮阴降低土温，又能减少水分蒸发。

（3）园艺地布覆盖。具有透气、透水、防草等功能，能显著降低土壤水分散失。

（二）应用保水剂

在土壤中添加保水剂，能吸收并储存大量水分，减少水分蒸发。

（三）改进栽培方式

（1）起垄栽培。增加土壤表面积，减少土壤与空气的接触面积，降低蒸发量。

（2）合理密植。适当增加蔬菜植株密度，降低行间裸露土地面积，减少蒸发。

（四）营造防风林带

降低风速，减少空气流动对土壤水分的蒸发作用。

二、控制深层渗漏的技术

（一）精准灌溉

（1）采用滴灌、微喷灌等技术，根据蔬菜需水规律精确供水，避免过量灌溉导致深层渗漏。

（2）安装土壤湿度传感器，实时监测土壤湿度，实现按需灌溉。

（二）优化土壤质地

（1）改良土壤结构，增加土壤孔隙度和持水能力，减少水分下渗速度。

（2）增施有机肥，提高土壤肥力和保水性能。

（三）合理规划灌溉量和灌溉时间

（1）根据土壤类型、蔬菜品种和生长阶段，确定合适的灌溉量。

（2）避免在土壤饱和或降雨后立即灌溉，减少深层渗漏。

（四）建设农田排水系统

合理设置排水渠道和暗管，及时排除多余水分，防止深层渗漏。

例如，在一个大型蔬菜种植基地，采用滴灌技术结合地膜覆盖，同时根据土壤湿度传感器的数据进行精准灌溉。经过一段时间的应用，与传统灌溉方式相比，水分蒸发量减少了40%左右，深层渗漏量降低了30%以上，蔬菜产量和品质也得到了显著提升。

综合运用上述减少蒸发和控制深层渗漏的节水技术，可以在提高蔬菜产量和品质的同时，实现水资源的高效利用。

第八节　蔬菜地膜覆盖节水减病技术

蔬菜地膜覆盖节水减病技术是一项对蔬菜种植具有重要意义的实用技术。

一、技术特点

（一）高效节水

地膜能够有效减少土壤水分的蒸发，使土壤水分保持在一个相对稳定的状态，降低灌溉需求。

（二）抑制杂草

地膜覆盖阻止了阳光直射地面，抑制杂草种子的萌发和生长，减少杂草与蔬菜争夺水分和养分。

(三) 调节地温

在低温季节，地膜能保存土壤热量，提高地温，促进蔬菜生长；高温季节则能降低地温，避免土壤温度过高对蔬菜根系造成伤害。

二、原理

(一) 节水原理

土壤中的水分主要通过蒸发散失到大气中。地膜覆盖后，形成了一个隔离层，减少了土壤与大气的直接接触，降低了空气流动和太阳辐射对土壤的影响，从而显著减少了水分的蒸发量。这使得土壤中的水分能够更长时间地被蔬菜根系吸收利用，达到节水的效果。

(二) 减病原理

1. 阻隔病原传播

许多病菌通过雨水或灌溉水的飞溅在田间传播。地膜覆盖减少了雨水与土壤的直接接触，降低了病菌孢子的飞溅和扩散，减少了病害的初侵染源。

2. 改变微环境

地膜覆盖下，土壤湿度相对较低，不利于一些喜湿病菌的生长和繁殖。同时，较高的地温也可能对部分病菌的生存产生不利影响，从而降低病害的发生程度。

三、优势

蔬菜地膜覆盖节水减病技术是在蔬菜种植中广泛应用的一项实用技术，具有多方面的优势。

（一）节水方面

（1）减少土壤水分蒸发。地膜阻挡了阳光直射地面，降低了土壤表面的温度和空气流动，从而减少水分从土壤表面向大气中的散失。

（2）保水保墒。有效保持土壤中的水分，使土壤在较长时间内保持适宜的湿度，减少灌溉次数和用水量。

（二）减病方面

（1）阻隔病原传播。阻止土壤中的病菌孢子通过飞溅的雨水或灌溉水传播到蔬菜植株上，降低病害的侵染机会。

（2）创造不利于病害发生的环境。减少地面的湿度，破坏一些病菌和害虫适宜的生存和繁殖条件，从而抑制病害的发生和蔓延。

（三）其他优点

（1）提高地温。尤其在早春或晚秋，有助于蔬菜提早生长和延长生长周期。

（2）抑制杂草生长。减少杂草对土壤养分和水分的竞争。

四、应用注意事项

（一）选择合适地膜

根据蔬菜种植周期和土壤条件，选择厚度适宜、质量可靠、降解性能良好的地膜，以减少残留污染。

（二）正确铺设

确保地膜铺设平整、紧密，边缘压实，避免破损和漏洞。

（三）适时揭膜

在蔬菜生长后期或收获后，及时揭除地膜，防止其在土壤中长时间残留。

例如，在番茄种植中，使用地膜覆盖技术后，灌溉次数从每周 2 次减少到每周 1 次，同时病害发生率降低了 30% 左右，大大提高了番茄的产量和品质。

蔬菜地膜覆盖节水减病技术是一种简单有效的种植技术，但若使用不当也可能带来一些问题，因此需要科学合理地应用。

第九节　蔬菜降湿增温地下渗灌节水技术

设施蔬菜降湿增温地下渗灌节水技术是一种新型的灌溉技术，它通过将水直接渗入地下，减少水分蒸发和表面径流，从而达到节水的目的。同时，该技术还可以降低设施内的湿度，提高地温，为蔬菜生长提供更好的环境条件。

一、设施蔬菜降湿增温地下渗灌节水技术的优点

（1）节水。该技术可以减少水分蒸发和表面径流，提高水分利用率，从而达到节水的目的。

（2）降湿。通过将水直接渗入地下，可以减少设施内的湿度，降低病虫害的发生概率。

（3）增温。该技术可以提高地温，为蔬菜生长提供更好的环境条件，促进蔬菜生长发育。

（4）省工。该技术不需要进行地面灌溉，减少了灌溉的工作量，节省了劳动力成本。

二、设施蔬菜降湿增温地下渗灌节水技术的原理

设施蔬菜降湿增温地下渗灌节水技术的原理主要基于以下几个方面。

（一）水分渗透原理

地下渗灌系统将水缓慢而均匀地直接输送到土壤深层。水

在土壤的孔隙中通过毛细作用和重力作用逐渐扩散和渗透，使得水分能够直接到达蔬菜根系所在的区域，减少了水分在地表的蒸发损失。

(二) 温度调节原理

由于水的比热容较大，当冷水渗入地下时，会吸收土壤中的热量，从而降低地温。而在寒冷季节，地下渗灌的温水则会释放热量，提高土壤温度。这种对土壤温度的调节有助于为蔬菜创造更适宜的生长环境，特别是在昼夜温差较大或季节温度变化明显的情况下。

(三) 湿度控制原理

通过将水直接输送到地下深处，避免了地表的积水和大量水分蒸发。减少了空气中的水汽含量，从而有效地降低了设施内的空气湿度。较低的湿度环境可以减少病虫害的滋生和传播，有利于蔬菜的健康生长。

例如，在炎热的夏季，地下渗灌的冷水在为蔬菜根系提供充足水分的同时，降低了土壤温度，使得蔬菜能够在相对凉爽的根部环境中生长。而在冬季，温水的渗入则能防止土壤温度过低，保障蔬菜在低温时仍能正常生长和吸收水分。

设施蔬菜降湿增温地下渗灌节水技术巧妙地利用了水的物理特性和土壤的渗透性能，实现了节水、降湿和增温的多重效果，为设施蔬菜的优质高产提供了有力保障。

三、注意事项

在应用设施蔬菜降湿增温地下渗灌节水技术时，需要注意以下几点。

(1) 合理设计。在进行地下渗灌系统设计时，需要根据设施的面积、土壤类型、蔬菜品种等因素进行合理设计，确保系统的合理性和可靠性。

（2）选择合适的渗灌材料。在选择渗灌材料时，需要考虑材料的渗透性、耐久性、耐腐蚀性等因素，确保材料的质量和使用寿命。

（3）定期维护。地下渗灌系统需要定期进行维护，包括检查管道是否堵塞、渗灌材料是否损坏等，确保系统的正常运行。

（4）注意水质。在进行地下渗灌时，需要注意水质的问题，避免使用含有杂质和污染物的水源，以免对蔬菜生长造成影响。

设施蔬菜降湿增温地下渗灌节水技术是一种新型的灌溉技术，它具有节水、降湿、增温、省工等优点，可以为设施蔬菜生产提供更好的环境条件和经济效益。在应用该技术时，需要注意合理设计、选择合适的渗灌材料、定期维护和注意水质等问题，确保系统的正常运行和蔬菜的生长发育。

第四章　水产品养殖推广

第一节　稻渔综合种养

一、稻渔综合种养模式优点

稻渔综合种养模式是一种将水稻种植与水产养殖相结合的生态农业模式。

这种模式具有诸多优点。首先，它能提高土地利用率和产出效益。例如，在稻田中养殖鱼类、虾类或蟹类，不仅能收获水稻，还能获得优质的水产品。其次，它有助于减少化肥和农药的使用。因为鱼类等水生生物可以吃掉稻田中的害虫和杂草，其排泄物还能为水稻提供养分，形成一个良性的生态循环。在稻虾共作模式中，小龙虾能有效控制稻田中的害虫，减少了农药的投入。最后，稻渔综合种养能够增加农民的收入。由于同时产出水稻和水产品，农民可以通过多样化的销售渠道获得更多的经济收益。

二、稻渔综合种养关键技术

稻渔综合种养技术涵盖了多个方面。

（一）稻田改造

（1）加固田埂。一般要求田埂高度在 50~80cm，宽度 30~50cm，以防止漏水和坍塌。

（2）开挖鱼沟鱼凼。鱼沟通常宽 40~60cm、深 30~50cm。鱼凼面积占稻田面积的 5%~10%，深度在 1~1.5m。例如，在稻虾共作中，可在稻田四周开挖环形沟。

（二）水稻种植

（1）选择品种。选择抗倒伏、耐水淹、病虫害少的水稻品种。

（2）合理密植。根据不同的品种和养殖模式，确定合适的种植密度。

（3）科学施肥。以基肥为主、追肥为辅，减少化肥使用，多施有机肥。

（三）水产养殖

（1）苗种选择。挑选健康、无病害的苗种。如养殖泥鳅，要选择活力强、体表光滑的苗种。

（2）投放密度。根据稻田的条件和养殖品种确定合理的投放密度，避免密度过大影响生长。

（3）饲料投喂。根据水产动物的生长阶段和食性，投喂适量的饲料。

（四）水质管理

（1）定期换水。保持水质清新，一般每 7~10d 换水 1 次。

（2）调节酸碱度和溶氧。确保水质的酸碱度在适宜范围，溶氧充足，可以通过种植水生植物来增加溶氧。

（五）病虫害防治

（1）生态防控。利用生物多样性，如放养鸭、蛙等控制害虫。

（2）物理防治。使用诱虫灯、防虫网等。

（3）药物防治。选择高效低毒的农药，并在水产动物安全间隔期内使用。

（六）日常管理

（1）勤巡田。观察水稻和水产动物的生长情况，及时发现问题。

（2）防逃防敌害。设置防逃设施，防止水产动物逃逸和敌害生物入侵。

例如，在稻鱼综合种养中，通过合理的稻田改造和水稻种植管理，同时科学投放鱼苗和进行水质调控，能够实现稻鱼双丰收。又如在稻蟹综合种养时，注重蟹苗的投放时间和数量，以及水草的种植，为螃蟹提供良好的生长环境。

稻渔综合种养技术需要综合考虑水稻和水产养殖的特点，进行科学规划和精细管理，才能实现良好的经济效益和生态效益。

三、稻渔综合种养模式的效益分析

稻渔综合种养模式带来了多方面的效益，包括经济效益、生态效益和社会效益。

（一）经济效益

（1）增加农产品产量和质量。在收获水稻的同时，还能获得优质的水产品。例如，稻虾综合种养模式中，小龙虾的市场价格较高，能显著增加农民的收入。

（2）降低生产成本。水产动物的活动减少了杂草和害虫的滋生，降低了农药和化肥的使用量，节省了种植成本。

（3）提高土地利用率。实现了一地多用，单位面积的产出大幅提高。以稻蟹综合种养为例，螃蟹的养殖为稻田带来额外收益，使土地创造了更多的经济价值。

（二）生态效益

（1）减少面源污染。减少了化学肥料和农药的投入，减轻了对土壤和水体的污染。

（2）改善土壤结构。水产动物的活动和排泄物能增加土壤的肥力，改善土壤的通气性和保水性。

（3）促进生态平衡。为水生生物和昆虫提供了栖息地，丰富了生物多样性。例如在稻鱼模式中，鱼类的存在有助于控制蚊虫的繁殖。

（三）社会效益

（1）保障粮食安全。在发展水产养殖的同时，确保了水稻的稳定生产，为粮食供应提供了保障。

（2）促进就业。从种植、养殖到销售等环节，创造了更多的就业机会。

（3）推动农业可持续发展。为农业转型升级提供了范例，引领农业向绿色、高效、可持续的方向发展。

例如，某地实施稻鳅综合种养模式后，水稻产量稳定，泥鳅产量可观，农民每亩地的收入比单纯种植水稻增加了数千元。同时，该地区的农田生态环境得到改善，吸引了更多的游客前来参观，带动了乡村旅游的发展。

稻渔综合种养模式具有显著的综合效益，对促进农业发展、保护生态环境和增加农民收入都具有重要意义。

四、稻渔综合种养模式的推广策略

（一）加强政策支持

政府出台相关扶持政策，对采用稻渔综合种养模式的农户给予资金补贴、税收优惠等，降低农户的投入成本和风险。例如，设立专项补贴资金，对购置养殖设备、优质种苗等给予一定比例的补贴。

制定并完善相关法律法规，保障稻渔综合种养的合法合规发展，规范市场秩序。

（二）开展技术培训与指导

组织专家团队深入农村，举办培训班和现场指导活动，向农户传授稻渔综合种养的技术要点和管理经验。例如，定期开展稻虾养殖技术培训，针对虾苗投放、水质调控等关键环节进行详细讲解和示范。

利用多媒体手段，制作并传播通俗易懂的技术教程，方便农户随时学习。例如，制作短视频，介绍稻鱼共生的日常管理技巧。

（三）建立示范基地

在不同地区建立稻渔综合种养示范基地，展示成功案例和先进技术，让农户能够直观地看到这种模式的优势和效果。例如建立大规模的稻蟹示范基地，吸引周边农户参观学习。

发挥示范基地的辐射带动作用，通过"基地+农户"的模式，带动周边农户参与。

（四）加强市场推广

举办稻渔产品展销会、品鉴会等活动，提高产品的知名度和美誉度，拓展销售渠道。例如，举办稻鱼米和稻田小龙虾的品鉴活动，吸引消费者和经销商关注。

利用电商平台、网络直播等新媒体手段，进行线上销售和宣传，扩大市场覆盖范围。

（五）促进产业融合

推动稻渔综合种养与加工业、旅游业的融合发展，延长产业链，提高附加值。例如，发展稻渔产品加工，开发稻田垂钓、农家乐等旅游项目。

鼓励发展合作社和农业企业，实行规模化、标准化生产和经营，提高市场竞争力。

（六）强化科研创新

加大对稻渔综合种养相关科研项目的投入，研发适合不同地区和环境的种养技术和品种。

建立产学研合作机制，促进科研成果的转化和应用。

（七）加强宣传引导

通过电视、报纸、网络等媒体，广泛宣传稻渔综合种养模式的好处和成功案例，提高农户的认知度和积极性。

树立典型示范户，宣传他们的创业故事和致富经验，激发农户的参与热情。

通过以上多种推广策略的综合运用，能够有效推动稻渔综合种养模式的广泛应用，促进农业增效、农民增收和农村发展。

第二节　智慧渔业模式

一、智慧渔业模式涵盖的内容

智慧渔业模式是将现代信息技术与渔业生产、管理、经营等环节深度融合，以实现渔业的智能化、高效化和可持续发展。

具体来说，智慧渔业模式涵盖了以下几个方面的内容。

（一）智能化养殖

（1）利用传感器技术实时监测水质参数，如水温、溶氧、酸碱度、氨氮含量等，并通过智能控制系统自动调节，为水产动物创造最佳的生长环境。例如，当溶氧含量低于设定值时，自动启动增氧设备。

（2）借助远程监控系统，养殖户可以随时随地通过手机或电脑观察养殖池塘或网箱内的情况，及时发现异常。

(二) 精准化投喂

基于大数据分析和人工智能算法，根据水产动物的生长阶段、体重、水温等因素，精确计算投喂量和投喂时间，避免饲料浪费和过度投喂。例如，通过智能投喂设备，实现定时、定量、定点投喂。

(三) 数字化管理

建立渔业生产管理数据库，记录养殖过程中的各项数据，包括种苗来源、饲料使用、疫病防控等，实现生产过程的可追溯。

运用数据分析工具，对生产数据进行挖掘和分析，为养殖决策提供科学依据，优化养殖流程和提高生产效率。

(四) 信息化销售

通过电商平台、物联网等渠道，及时获取市场信息，实现水产品的精准营销和快速销售。

利用区块链技术，保证水产品质量安全信息的真实性和可靠性，增强消费者信任。

(五) 灾害预警与防控

利用气象、水文等数据，提前预警自然灾害，如暴雨、洪水、台风等，采取相应的防范措施，减少损失。

建立疫病监测和预警系统，及时发现和处理疫病，防止疫情扩散。

智慧渔业模式的核心在于利用先进的信息技术，提高渔业生产的智能化水平，降低劳动强度，提高资源利用率，保障水产品质量安全，增强渔业的竞争力和可持续发展能力。

例如，某智慧渔业养殖场通过智能化水质监测和调控系统，成功提高了鱼苗的成活率和生长速度；还有一些企业利用大数据分析市场需求，精准调整养殖品种和规模，取得了良好的经济效益。

二、智慧渔业模式的发展前景

智慧渔业模式具有广阔的发展前景，主要体现在以下几个方面。

（一）提高生产效率

通过智能化设备和系统，实现精准投喂、智能调控养殖环境等功能，减少资源浪费，提高养殖效率和产量。

（二）提升产品质量

实时监测和控制养殖环境，有助于预防疾病、减少药物使用，生产出更健康、安全的水产品。

（三）降低劳动力成本

远程监控和自动化设备的应用减少了对人工的依赖，降低了劳动力成本。

（四）促进可持续发展

智能管理系统可以帮助养殖户更好地管理资源，减少对环境的影响，实现渔业的可持续发展。

（五）拓展市场机会

智慧渔业能够提供全程追溯服务，为消费者提供更透明、可信的产品信息，有助于拓展市场份额。

（六）推动产业升级

传统渔业向智慧渔业转型，将带动相关技术和设备的发展，推动渔业产业的升级和创新。

然而，智慧渔业模式在发展过程中也面临一些挑战，如技术普及难度大、设备成本较高、数据安全等问题。但随着技术的不断进步和成本的降低，这些问题将逐渐得到解决。

总体而言，智慧渔业模式是渔业发展的趋势，具有巨大的发展潜力。它将为渔业带来更高的效益、更好的产品质量和更可持续的发展。

三、智慧渔业模式下，渔业养殖户实现精准投喂的方法

在智慧渔业模式下，渔业养殖户可以利用以下技术和方法实现精准投喂。

（一）智能投喂系统

基于人工智能、大数据、物联网、云计算等技术，根据投饵效果生成最佳投饵方案，提高饲料转化率，减少浪费。系统通过环境感知装置监测水质变化，采集饵料剩余量数据，结合AI摄像头拍摄的影像，智能分析投饵效果。同时，AI摄像头还能记录养殖生物的生长状态，结合投饵效果和生长曲线数据，智能调整下次投饵的量和时间。

（二）智能投饵设备

如智能投饵船，可按照设定好的轨迹自动投喂，投食均匀，有利于规格河蟹生长和尾水净化循环使用。1名工人可控制多台机器，除投喂饲料外，还可全塘撒施有机肥等。

（三）精准投喂关键技术

通过监测养殖对象的摄食节律、摄食需求特性和进食食欲强度变化规律，根据养殖对象、养殖模式和环境等差异，科学制定投喂模式，实现养殖效益和环境效益的最大化。

四、智慧渔业模式下的水产养殖环境的优化

在智慧渔业模式下，水产养殖环境得到了显著的优化和精准控制。

（一）水质监测与调控

（1）利用高精度的传感器，实时监测水温、溶氧、酸碱度、盐度、氨氮和亚硝酸盐等关键水质参数。例如，在虾类养殖中，溶氧的细微变化都会被及时察觉。

（2）一旦水质参数偏离设定的适宜范围，智能控制系统会自动启动相应的设备进行调节。例如，当溶氧不足时，增氧机自动开启。

（二）水温控制

采用智能温控设备，根据不同水产动物的生长需求和季节变化，精确调节水温。例如，对于一些热带鱼类的养殖，冬季能保持水温稳定在适宜范围，确保其正常生长和繁殖。

（三）光照管理

安装智能光照系统，模拟自然光照周期，为水产动物提供适宜的光照环境，促进其生长和繁殖。例如，在鳗鱼养殖中，通过控制光照时间和强度，提高鳗鱼的生长速度。

（四）底质监测与改良

（1）借助特殊的传感器和检测设备，监测池塘或养殖池的底质状况，包括有机物含量、微生物群落等。

（2）根据监测结果，自动或人工采取措施改良底质，如合理使用底质改良剂。

（五）气候应对

（1）结合气象数据，提前预测极端天气，如暴雨、高温、寒潮等。

（2）自动启动防护设施，如遮阳网、保温棚等，降低气候对养殖环境的不利影响。

（六）环境数据记录与分析

（1）所有的环境监测数据都会被详细记录，并通过大数据分析和人工智能算法进行处理。

（2）养殖户可以根据分析结果，优化养殖策略，提前预防可能出现的环境问题。

例如，某智慧渔业养殖场通过精准的水质和水温控制，成功将鱼类的生长周期缩短了10%，同时降低了疾病发生率，提高了养殖效益。

智慧渔业模式使水产养殖环境更加稳定、可控和优化，为水产动物的健康生长和高产优质提供了有力保障。

第三节　渔文化与休闲渔业结合模式

一、渔文化与休闲渔业结合模式的含义

渔文化与休闲渔业结合模式是将传统的渔文化元素与现代休闲渔业的发展理念和经营方式相融合，形成一种综合性的产业发展模式。

渔文化是渔民在长期的渔业生产活动中所创造的物质和精神财富的总和，包括渔业生产方式、渔具制作、渔家习俗、渔歌渔舞、渔业信仰等。

休闲渔业则是以渔业资源为依托，融合旅游、娱乐、餐饮、住宿等多种元素，为人们提供休闲体验和娱乐活动的一种新兴渔业产业形态。

在这种结合模式中，一方面通过展示和传承渔文化，让游客了解渔业的历史、文化内涵和传统技艺，增加旅游的文化底蕴和吸引力；另一方面，以休闲渔业的形式为游客提供垂钓、捕捞、水产品尝、渔家生活体验等多样化的休闲活动，满足人

们对休闲娱乐和亲近自然的需求。

例如，在一个海滨渔村，可以建立渔文化博物馆，展示古老的渔具和渔业历史，同时开展海上垂钓、海鲜烹饪体验等休闲活动。或者在一个内陆湖泊景区，打造以渔文化为主题的民宿，游客可以参与传统的渔网编织，还能在湖中享受划船捕鱼的乐趣。

这种结合模式不仅能够促进渔业的转型升级，增加渔民的收入，还能保护和传承渔文化，推动地方经济的发展和文化的繁荣。

二、渔文化与休闲渔业结合模式对当地经济的积极影响

渔文化与休闲渔业结合模式对当地经济具有多方面的积极影响。

（一）增加旅游收入

（1）吸引更多游客前来体验，带动餐饮、住宿、交通等相关旅游消费的增长。例如，游客在当地的渔家民宿住宿、在海鲜餐厅用餐，以及使用当地的交通服务。

（2）延长游客的停留时间，增加游客在当地的总体消费。

（二）促进渔业产业升级

（1）推动传统渔业向多元化、高附加值的方向发展，提高渔业的经济效益。例如，渔民不再仅仅依赖捕捞或养殖，还能通过提供休闲渔业服务增加收入。

（2）鼓励渔业创新，发展特色养殖、生态养殖等，满足休闲渔业对高品质水产品的需求。

（三）创造就业机会

（1）直接创造与休闲渔业相关的工作岗位，如导游、船员、民宿服务员、厨师等。

（2）带动周边产业的发展，间接增加就业机会，如农产品销售、手工艺品制作等。

（四）带动相关产业发展

（1）促进当地农产品、手工艺品等特色商品的销售，增加农民和手工艺人的收入。

（2）推动文化产业的发展，如渔文化表演、渔文化产品的创作与销售。

（五）提升地方品牌形象

（1）打造独特的地方品牌，提高地区的知名度和美誉度，吸引更多的投资和商业机会。

（2）有助于吸引外部资金和企业入驻，促进当地经济的多元化发展。

（六）促进基础设施建设

（1）为了满足游客的需求，当地会加大对基础设施的投入，如改善道路、水电设施、通信网络等。

（2）提升公共服务水平，改善居民的生活质量。

例如，某沿海小镇在发展渔文化与休闲渔业结合模式后，旅游收入大幅增长，当地渔民纷纷转型从事休闲渔业相关工作，同时带动了周边村庄农产品的销售。镇里还吸引了外来投资，建设了更高标准的酒店和娱乐设施，进一步推动了经济的繁荣。

三、渔文化植入方式

在渔文化与休闲渔业结合模式中，以下是一些常见的渔文化植入方式。

（一）场景营造

（1）打造具有渔家特色的建筑和景观，如仿造传统渔村的房屋风格、搭建渔家码头、布置渔网和渔船等装饰。例如，建造一个以传统渔家小院为蓝本的休闲度假区，让游客仿佛置身于古老的渔村之中。

（2）还原渔业生产场景，如设置捕鱼演示区，展示传统的捕鱼方法和工具。

（二）活动体验

（1）组织游客参与渔业传统活动，如制作渔家美食、开渔节等。例如，举办织渔网比赛，让游客亲身体验渔网制作的过程。

（2）开展渔业民俗活动，如渔家婚俗表演、渔歌演唱等。

（三）文化展览

（1）设立渔文化博物馆或展览馆，展示渔业历史、渔具演变、渔俗文化等。例如，通过图文、实物展示以及多媒体介绍，让游客深入了解渔文化的发展历程。

（2）举办渔文化主题的艺术展览，包括绘画、摄影、雕塑等作品。

（四）故事讲述

（1）安排导游或当地渔民为游客讲述渔文化的故事和传说。

（2）利用多媒体手段，如播放纪录片、动画等，传播渔文化。

（五）产品开发

（1）设计和销售具有渔文化特色的旅游纪念品，如渔家手工艺品，渔文化主题的文具、饰品等。

（2）推出以渔文化为背景的文创产品，如书籍、漫画、明信片等。

（六）教育培训

（1）开设渔文化培训课程，教授渔业传统技艺和知识。

（2）举办渔文化讲座和研讨会。

例如，某休闲渔业基地通过打造逼真的渔业生产场景、定期组织丰富多彩的渔文化活动以及开发精美的渔文化纪念品，成功将渔文化深深地植入休闲渔业的体验中，吸引了大量游客，提升了品牌影响力和经济效益。

四、渔文化植入的效果

（一）基地建设得到提升

通过渔文化植入对休闲渔业基地向文化型建设起到了积极推动作用。基地青山环抱，设施风格古色古香，贴近自然，给人安静清幽之感，以当地传承的渔文化为主题，打造了精品民宿、餐饮、渔文化展厅、垂钓等一系列的特色项目。同时在装修上极具渔家特色，风格独特，设施齐全，环境优美，让游客在放松休闲的同时，能够更深入地体验渔文化。

（二）游客的满意度提高

渔文化内容的切入，在增加文化内涵的基础上，美化了基地环境，使生态环境更加优美。同时，也使游客在领略传统文化的基础上，更加热爱水生动物，增强了环境保护意识。基地致力于为游客提供"安全、便捷、舒适、文明"的旅游体验，提升服务水平，大大提高了游客满意度。广大游客表示回归田园的感觉让他们得到了极大的满足，基地的工作人员服务热情周到，有种宾至如归的感觉，是城市周边周末度假好去处。

（三）渔文化得到有效传承传播

渔文化展厅内有各种类型的渔文化文创产品，带有渔文化的画扇、茶具、展画、图书、刺绣、画作深受广大游客的喜爱，因为它们不仅实用、美观，而且具有非常高的文化艺术价值和观赏价值。

文创产品植入迎合了中华传统把鱼视为善良、友好、吉祥、幸福的象征，在传承文化的同时，也给人类生活带来无穷无尽的乐趣和精神享受，培养人类爱护自然的意识。游客对渔文化展品表现了极高兴趣，通过观展，更深入地理解了"连年有余"吉祥图案寓意生活美好；结婚用品上的"双鱼吉庆"寓意婚后美满；店铺上的"渔翁得利"出自古代谚语"鹬蚌相争，渔翁得利"，寓意生意发达等。

五、在渔文化与休闲渔业结合模式中，设计合理的渔家民宿

在渔文化与休闲渔业结合模式中，设计合理的渔家民宿可以从以下几个方面考虑。

（一）建筑外观与布局

（1）采用传统渔家建筑风格，如木质结构、坡屋顶、白色的外墙等，展现原汁原味的渔家特色。可以借鉴当地古老渔村的建筑形式，使其与周边环境相融合。

（2）布局上，可以设置独立的小院，方便游客晾晒渔具、衣物，也能提供一个休闲的户外空间。

（二）室内装饰

（1）以海洋、渔业为主题进行装饰。例如，墙上挂着渔网、渔灯、渔家生活照片或海洋主题的绘画；摆放用贝壳、海螺等制作的手工艺品。

（2）选用具有渔家特色的家具，如木质的床、桌椅，床上用品可以采用蓝色、白色等海洋色系，营造出清新舒适的氛围。

（三）客房设施

（1）提供舒适的床铺和齐全的床上用品，保证良好的睡

眠质量。

（2）配备现代化的设施，如空调、电视、无线网络等，满足游客的基本需求。

（3）设立独立的卫生间，提供热水淋浴和干净的洗漱用品。

（四）餐饮服务

（1）设计一个开放式的厨房或餐厅，让游客可以看到美食的制作过程。

（2）提供以海鲜为主的特色渔家美食，采用当地新鲜的食材和传统的烹饪方法。

（3）可以设置自助烹饪区域，让游客有机会自己动手烹饪海鲜。

（五）休闲空间

（1）搭建一个露台或阳台，游客可以在此欣赏海景、晒太阳。

（2）设立一个阅读角，提供与渔业、海洋相关的书籍和杂志。

（3）开辟一个小型的活动室，如棋牌室、茶室等，供游客休闲娱乐。

（六）服务与体验

（1）民宿工作人员可以穿着渔家传统服饰，为游客提供热情周到的服务。

（2）为游客安排渔家生活体验活动，如跟随渔民出海捕鱼、学习织网等。

（七）环保与可持续

（1）采用环保材料进行装修和装饰，减少对环境的影响。

（2）推广垃圾分类和资源节约理念，鼓励游客共同保护环境。

例如，在某沿海地区的渔家民宿，其建筑外观模仿了传统的渔家小屋，室内用渔网和贝壳装饰，每个房间都能看到大海。民宿还提供出海捕鱼体验活动，游客捕回的海鲜可以在民宿厨房加工享用。同时，民宿注重环保，采用太阳能热水器和可降解的洗漱用品，受到了游客的广泛好评。

第四节　鱼菜共生的新商业模式

一、鱼菜共生的新商业模式的内容

鱼菜共生的新商业模式是指将鱼菜共生这一生态农业模式与现代商业理念和运营方式相结合，创造出具有创新性和可持续性的商业经营方式。

鱼菜共生是一种将水产养殖与水培蔬菜种植相结合的生态系统，鱼类产生的废弃物为蔬菜提供养分，蔬菜吸收养分的同时净化了水质，实现了资源的循环利用。

在新商业模式下，不再仅仅局限于传统的农产品生产和销售，还拓展了更多的商业价值和盈利渠道。

它可能包括以下几个方面。

（1）体验式农业旅游。打造鱼菜共生农场，让游客亲身体验鱼菜共生的生产过程，开展农事体验、科普教育等活动，并收取门票或体验费用。

（2）农产品直供。与餐厅、超市等建立直接供应关系，提供新鲜、绿色的鱼和蔬菜，获取稳定的销售收益。

（3）会员制服务。消费者通过缴纳会员费，定期获得新鲜的鱼菜产品，享受定制化的服务。

（4）技术输出与咨询。向有兴趣开展鱼菜共生的企业或个人提供技术支持、设备销售和运营咨询服务。

（5）线上销售与品牌推广。通过电商平台，将鱼菜共生产品推向更广阔的市场，并建立品牌形象，提高品牌知名度和附加值。

鱼菜共生的新商业模式旨在充分发挥鱼菜共生系统的优势，通过多元化的经营策略和市场渠道，实现经济效益、生态效益和社会效益的统一。

二、鱼菜共生系统的构成要素

（一）水产养殖单元

（1）养殖池。用于饲养鱼类、虾类或其他水生生物，为系统提供氮、磷等营养物质。

（2）鱼类。常见的选择有罗非鱼、鲤鱼、鲫鱼、鲈鱼等，其种类取决于系统的规模和目标市场。

（二）蔬菜种植单元

（1）种植床。通常为水培床或营养液膜技术（NFT）管道，用于种植蔬菜。

（2）蔬菜。包括生菜、白菜、空心菜、番茄等各种适合水培的蔬菜品种。

（三）水循环与过滤系统

（1）水泵。驱动水体在系统中循环流动。

（2）管道。连接养殖池和种植单元，确保水的顺畅传输。

（3）过滤装置。去除水中的固体废弃物和有害物质，保持水质清洁。

（四）微生物群落

有益细菌。如硝化细菌，将鱼类排泄物中的氨氮转化为硝酸盐，供植物吸收。

（五）支撑结构与环境控制

（1）温室或大棚。提供适宜的温度、湿度和光照条件，保护系统免受外界环境影响。

（2）支架和架子。用于支撑种植床和管道，保证系统的稳定性和空间利用效率。

（六）监测与控制系统

（1）传感器。监测水温、溶氧、酸碱度、电导率等水质参数，以及光照强度、温度、湿度等环境参数。

（2）控制器。根据传感器的数据，自动控制水泵、增氧设备、通风设备等，维持系统的稳定运行。

例如，在一个小型的家庭鱼菜共生系统中，一个小型的塑料养殖池里养着几条金鱼，水通过水泵抽至水培种植床上种植着的生菜根部，经过种植床的过滤和植物的吸收后，再流回养殖池。整个过程通过简单的管道和一个小型水泵完成，同时使用传感器监测水质，以确保金鱼和生菜都能在良好的环境中生长。

三、鱼菜共生技术的应用

鱼菜共生技术具有广泛的应用，以下是一些常见的领域。

（一）家庭园艺

许多家庭在阳台、庭院或屋顶搭建小型的鱼菜共生系统，既能种植新鲜蔬菜供自家食用，又能养观赏鱼增添生活乐趣。这种小型系统易于管理，占地面积小，适合城市居民利用有限空间实现自给自足。

（二）农业生产

商业农场采用大规模的鱼菜共生设施，实现高效的农产品生产。可精准控制环境条件和营养供应，提高蔬菜和鱼类的产量和质量。

（三）教育领域

学校和教育机构利用鱼菜共生系统作为生动的教学工具，让学生直观了解生态循环、农业技术和环境科学等知识。培养学生的实践能力和环保意识。

（四）科研试验

科研人员通过鱼菜共生系统研究水生态、植物营养吸收、鱼类养殖等方面的课题，为优化农业生产技术和可持续发展提供理论支持。

（五）餐厅与酒店

一些特色餐厅和酒店打造自己的鱼菜共生农场，为厨房提供新鲜的食材，成为吸引顾客的独特卖点，提升品牌形象。

（六）社区支持农业（CSA）

社区建立鱼菜共生项目，为成员提供定期的蔬菜和鱼产品配送。增强社区凝聚力，促进本地食品供应。

（七）灾后重建与资源匮乏地区

在受灾地区或资源短缺的地方，鱼菜共生可以在有限的条件下提供一定的食物来源。

例如，在某农业示范园区，大型的鱼菜共生温室不仅为市场供应了大量的优质蔬菜和鲜鱼，还吸引了众多游客前来参观学习；一所乡村学校通过建立鱼菜共生试验田，让学生参与种植和养殖过程，提高了他们对农业和生态的认知。

四、提高鱼菜共生系统中蔬菜和鱼类的产量和质量

要提高鱼菜共生系统中蔬菜和鱼类的产量和质量，可以考虑以下方法。

（一）优化养殖环境

保持水温稳定在鱼类和蔬菜适宜的范围内。例如，对于大多数淡水鱼类，水温在20~28℃较为适宜；而常见的蔬菜如生菜，适宜生长温度在15~20℃，应根据具体品种调节。

（1）确保充足的光照，可使用人工补光设备来补充自然光照的不足，特别是在光照时间较短的季节。

（2）维持良好的水质，定期检测和调整酸碱度、溶氧、氨氮等水质参数。

（二）选择合适的品种

（1）挑选生长迅速、产量高的蔬菜品种，如空心菜、菠菜等绿叶蔬菜。

（2）对于鱼类，选择适应本地环境、生长快、抗病能力强的品种，如草鱼、鲫鱼等。

（三）合理的养殖密度

（1）避免鱼类养殖密度过高，以免造成水质恶化和氧气不足。根据养殖池的大小和过滤系统的能力，确定合适的鱼类数量。

（2）蔬菜种植密度也要适中，保证每株蔬菜都能获得足够的养分和光照。

（四）精准的营养管理

（1）监测水中的营养成分，根据蔬菜的生长阶段及时补充缺失的营养元素。

（2）合理投喂鱼类饲料，确保鱼类产生的排泄物能提供足够但不过量的养分给蔬菜。

（五）高效的水循环与过滤系统

（1）安装强大的水泵，确保水体充分循环，使养分均匀分布。

（2）定期清洗和维护过滤设备，保证其正常工作，有效去除有害物质。

（六）病虫害防治

（1）采用物理防治方法，如设置防虫网、粘虫板等。

（2）引入有益昆虫或微生物来控制病虫害，减少化学农药的使用。

（七）定期修剪和疏苗

（1）及时修剪蔬菜的老叶、病叶，促进新叶生长。

（2）对过密的蔬菜苗进行疏苗，保证植株之间有足够的空间生长。

（八）科学的收获时间

（1）在蔬菜达到最佳品质和成熟度时及时收获，避免过度生长影响后续产量。

（2）合理安排鱼类的捕捞时间和数量，以维持种群的健康和持续生长。

例如，在一个鱼菜共生农场中，通过安装智能温控设备保持水温稳定，选择高产的蔬菜品种和抗病的鱼类，根据水质检测结果精准补充营养，以及定期维护水循环系统，成功地提高了蔬菜和鱼类的产量与质量。

第五节　水产品多营养层次综合养殖模式

在当今全球水产养殖行业迅速发展的背景下，传统的单一养殖模式面临着资源利用效率低、环境污染、疾病频发等诸多挑战。水产品多营养层次综合养殖模式作为一种创新的养殖理念和方法，正逐渐受到广泛关注和应用。

一、水产品多营养层次综合养殖模式的概念与原理

(一) 多营养层次综合养殖的定义

多营养层次综合养殖是指在同一养殖区域内，同时养殖处于不同营养级的水生生物，通过合理的搭配和管理，实现物质和能量的高效利用，以及生态系统的平衡与稳定。

(二) 基本原理

基于生态学中的食物链和食物网原理，模拟自然生态系统中的物质循环和能量流动过程。不同营养级的生物之间相互作用，形成一个复杂的生态网络，实现资源的最大化利用和废弃物的最小化排放。

(三) 与传统养殖模式的比较

相较于传统的单一养殖模式，多营养层次综合养殖模式更加注重生态平衡和资源的综合利用。传统养殖模式往往依赖大量的投入品，容易导致环境污染和生态破坏；而多营养层次综合养殖模式通过生物之间的相互依存和协同作用，减少了对外部投入品的依赖，降低了养殖成本，提高了养殖效益。

二、水产品多营养层次综合养殖模式的类型与特点

(一) 常见的养殖类型

(1) 鱼—虾—贝综合养殖。在池塘或海域中同时养殖鱼类、虾类和贝类，如草鱼、南美白对虾和扇贝的组合。

(2) 鱼—藻综合养殖。将鱼类养殖与藻类养殖相结合，如罗非鱼和螺旋藻的搭配。

(3) 虾—蟹—贝—藻综合养殖。在同一水域中养殖虾类、蟹类、贝类和藻类，形成一个复杂的生态系统。

（二）特点

（1）生态多样性。养殖生物的种类丰富，增加了生态系统的稳定性和抗干扰能力。

（2）资源高效利用。不同营养级生物之间的协同作用，提高了饲料、水资源和空间的利用效率。

（3）水质改善。通过藻类的吸收和贝类的过滤作用，有效降低水体中的氮、磷等营养物质含量，改善水质。

（4）疾病防控。多样化的生物群落有助于抑制病原体的传播和扩散，降低疾病发生的风险。

三、水产品多营养层次综合养殖模式的技术要点与管理策略

（一）养殖环境的选择与改造

（1）选择适宜的养殖场地，考虑水质、底质、气候等因素。

（2）对养殖池塘或海域进行改造，如建设生态沟渠、设置隔离带等，以优化养殖环境。

（二）养殖品种的选择与搭配

（1）根据养殖环境和市场需求，选择具有良好生长性能和生态适应性的养殖品种。

（2）合理搭配不同营养级的养殖品种，考虑其食性、生长周期、空间需求等因素，确保生物之间的互利共生关系。

（三）饲料管理

（1）根据不同养殖品种的营养需求，制定科学的饲料配方。

（2）控制饲料的投喂量和投喂时间，避免饲料浪费和水质污染。

（四）水质监测与调控

（1）建立完善的水质监测体系，定期检测水温、酸碱度、溶解氧、氨氮、亚硝酸盐等水质指标。

（2）根据水质监测结果，采取相应的调控措施，如换水、增氧、添加微生物制剂等。

（五）疾病防控与生物安全

（1）加强养殖生物的疫病监测和预防，定期进行疫苗接种和药物防治。

（2）严格控制养殖区域的人员和物资进出，做好消毒和隔离工作，防止病原体的传入和扩散。

（六）日常管理与记录

（1）建立健全的日常管理制度，包括巡塘、观察养殖生物的生长状况、清理养殖设施等。

（2）做好养殖过程中的各项记录，如养殖品种的投放量、生长情况、饲料投喂量、水质监测数据、疾病防控措施等，为养殖管理提供科学依据。

四、水产品多营养层次综合养殖模式的应用案例分析

（一）案例一：某沿海地区虾—蟹—贝—藻综合养殖

（1）养殖场地与环境介绍。

（2）养殖品种的选择与搭配方案。

（3）技术应用与管理措施的实施情况。

（4）养殖效益分析，包括产量、质量、经济效益、生态效益等方面。

（二）案例二：某内陆池塘鱼—虾—贝综合养殖

（1）池塘条件与改造情况。

（2）养殖品种的组合与投放比例。

（3）饲料管理和水质调控的具体方法。

（4）养殖成果评估，包括产量、品质、成本控制、环境影响等。

（三）某工厂化养殖基地鱼—藻综合养殖

（1）工厂化养殖设施的建设与运行情况。

（2）鱼藻搭配的模式与优势。

（3）自动化控制技术在养殖过程中的应用。

（4）综合效益评价，包括生产效率、产品质量、资源利用效率等方面。

通过对以上案例的深入分析，总结成功经验和发现存在的问题，为其他地区和养殖户提供借鉴和参考。

第五章　畜牧健康养殖推广

第一节　物联网智能化养殖系统

一、物联网智能化养殖系统的组成

物联网智能化养殖系统是将物联网技术应用于养殖领域，实现养殖过程的自动化、智能化和信息化管理。

该系统通常由以下几个部分组成。

（一）传感器设备

（1）温度传感器。实时监测养殖环境的温度，确保动物处于适宜的温度条件下。

（2）湿度传感器。监测环境湿度，防止湿度过高或过低对动物健康产生不利影响。

（3）光照传感器。控制光照强度和时长，以满足动物的生长和繁殖需求。

（4）气体传感器。监测氨气、二氧化碳等有害气体的浓度，及时通风换气。

（二）数据采集与传输

采集传感器获取的数据，并通过无线网络（如 Wi-Fi、蓝牙、Zigbee 等）将数据传输到中央服务器或云平台。

（三）中央控制系统

（1）对收集到的数据进行分析和处理，制定相应的控制策略。

（2）可以远程控制养殖设备，如通风设备、加热设备、照明设备等。

（四）智能监控设备

（1）安装摄像头，实现对养殖区域的实时视频监控。

（2）利用图像识别技术，自动识别动物的行为、健康状况等。

（五）自动投喂设备

根据预设的时间和饲料量，实现精准自动投喂，避免饲料浪费。

（六）智能饮水系统

保证动物随时能获得清洁的饮水，并监测饮水量。

（七）数据分析与决策支持

对长期积累的数据进行深度分析，为养殖户提供决策依据，如优化养殖方案、预测疾病发生等。

例如，在一个养鸡场中，物联网智能化养殖系统通过传感器监测到鸡舍内温度过高，中央控制系统会自动启动通风设备降温；当饲料槽中的饲料不足时，自动投喂设备会及时补充。同时，养殖户可以通过手机 App 随时查看鸡舍的情况和相关数据。

物联网智能化养殖系统的应用，提高了养殖效率，降低了劳动强度，保障了动物的健康和产品质量，促进了养殖业的可持续发展。

二、物联网智能化养殖系统的发展前景

物联网智能化养殖系统具有广阔的发展前景，主要体现在以下几个方面。

（一）提高养殖效率

通过实时监测和自动化控制，物联网智能化养殖系统可以优化养殖环境，提高饲料利用率，减少疾病发生，从而提高养殖效率和产量。

（二）提升产品质量

精确的环境控制和健康监测有助于生产出更健康、安全的农产品，满足消费者对高品质食品的需求。

（三）降低劳动力成本

自动化设备和远程监控减少了对人工的依赖，降低了劳动力成本，同时提高了管理的便利性。

（四）实现可持续发展

该系统可以更好地管理资源，减少浪费，降低对环境的影响，符合可持续发展的要求。

（五）促进产业升级

物联网智能化养殖系统推动了养殖业的数字化转型，提升了产业竞争力，有助于实现农业现代化。

（六）拓展市场机会

随着消费者对食品安全和质量的关注度不断提高，智能化养殖生产的产品更具市场竞争力，为养殖企业带来更多商机。

物联网智能化养殖系统是养殖业发展的趋势，具有巨大的发展潜力。它将为养殖业带来更高的效率、更好的产品质量和可持续发展的未来。

三、在物联网智能化养殖系统中，实现精准投喂

在物联网智能化养殖系统中，实现精准投喂主要通过以下方式。

首先，利用各类传感器来收集动物的生长数据。如体重传感器可以实时获取动物的体重变化，进食行为传感器能够监测动物的进食频率和速度。其次，借助图像识别技术，通过摄像头拍摄动物的图像，分析其身体状况、体型大小等信息。这些数据会被传输到中央控制系统。系统中的算法会根据动物的品种、生长阶段、体重、健康状况以及环境因素等多方面的数据进行综合分析。根据分析结果，计算出每只动物或每个养殖区域所需的精确饲料量和营养成分比例。最后，由自动投喂设备按照计算出的方案进行精准投喂。这些设备可以精确控制投喂的时间、量和频率，确保动物获得最适宜的营养供应。

　　例如，在一个养猪场中，物联网智能化养殖系统监测到某头猪体重增长较慢，进食速度较慢，系统分析可能是营养不足，于是增加了其饲料中的蛋白质含量，并适当增加投喂量，一段时间后，这头猪的生长状况得到了明显改善。

　　这种精准投喂方式不仅能够提高饲料利用率，降低成本，还能保证动物的健康生长，提高养殖效益。

第二节　物联网技术下养殖场远程监控技术

一、物联网技术

　　物联网技术下的养殖场远程监控技术，是指利用物联网相关的一系列技术手段，对养殖场的各种关键要素和生产环节进行远距离、实时、智能化的监测与控制。

　　在"物联网技术下养殖场远程监控技术"中，"物联网"扮演着至关重要的角色。

　　物联网（Internet of Things，简称 IoT）是指通过各种信息传感器、射频识别技术、全球定位系统、红外感应器、激光扫描器等各种装置与技术，实时采集任何需要监控、连接、互动的物体或过程，采集其声、光、热、电、力学、化学、生物、位置等各种需要的信息，通过各类可能的网络接入，实现物与物、物与人的泛在连接，实现对物品和过程的智能化感知、识别和管理。

在养殖场远程监控技术中，物联网主要体现在以下几个方面。

（一）感知层

由大量的传感器组成，这些传感器分布在养殖场的各个角落，实时感知环境参数（温度、湿度、光照、气体浓度等）、动物的生理指标（体重、体温、心率等）以及设备的运行状态。

（二）网络层

负责将感知层采集到的数据传输到远程的监控中心或云平台。这包括各种通信技术，如 Wi-Fi、蓝牙、Zigbee、4G/5G移动网络等，确保数据的稳定、快速传输。

（三）平台层

即云平台或数据处理中心，对接收的数据进行存储、分析和处理。利用大数据分析和人工智能算法，挖掘数据中的潜在规律和价值，为养殖场的管理提供决策支持。

（四）应用层

基于物联网采集和分析的数据，开发出各种应用程序和服务，如远程监控系统、智能控制软件等，供养殖人员使用，实现对养殖场的远程管理和控制。

总之，物联网在养殖场远程监控技术中构建了一个完整的信息采集、传输、处理和应用的体系，使得养殖场的管理更加高效、科学和智能化。

二、物联网技术下养殖场远程监控技术的核心组成部分

物联网技术下的养殖场远程监控技术是将物联网的各类先进技术应用于养殖场管理，实现对养殖场环境、动物健康和生产过程的远程实时监测与控制。

该技术的核心组成部分包括以下方面。

（一）传感器设备

（1）温度传感器。准确监测养殖场内的气温和水温。

（2）湿度传感器。把控空气湿度和土壤湿度。

（3）气体传感器。如氨气、二氧化碳等气体浓度的检测。

（4）光照传感器。了解光照强度和时长。

（5）体重传感器。用于实时监测动物的体重变化。

（二）图像采集设备

安装高清摄像头，实现对养殖场内部的实时图像采集，包括动物的活动状态、进食情况等。

（三）数据传输网络

利用 Wi-Fi、蓝牙、Zigbee 或移动网络（4G/5G）等技术，将传感器和摄像头采集到的数据快速、稳定地传输到远程服务器。

（四）云服务器与数据分析平台

接收到的数据在云服务器中存储和处理，通过数据分析算法和模型，挖掘出有价值的信息，如预测疾病的发生、评估饲料的利用率等。

（五）远程控制终端

养殖人员通过电脑、手机等终端设备，随时随地访问监控平台，获取养殖场的实时信息，并能够远程控制通风设备、照

明设备、投喂设备等。

三、物联网技术下养殖场远程监控技术的优势

这种技术为养殖场带来了诸多优势。

（一）提高生产效率

精准掌握养殖环境和动物状况，及时调整管理策略，优化生产流程。

（二）保障动物健康

早期发现疾病迹象，采取预防和治疗措施，降低疫病传播风险。

（三）节约资源

根据实际需求精准调控环境参数和饲料投喂量，减少能源和饲料的浪费。

（四）提升管理水平

实现数字化、智能化管理，降低人工劳动强度，提高管理的科学性和准确性。

例如，某大型养鸡场通过物联网技术下的远程监控技术，实时监测鸡舍内的温度和湿度，当温度过高时自动启动通风设备降温；同时，通过摄像头观察鸡群的进食和活动情况，及时发现异常行为，提前预防疾病，显著提高了养殖效益和鸡群的健康水平。

四、物联网技术下养殖场远程监控系统的解决方案

（一）系统概述

本监控系统旨在利用物联网技术实现对养殖场的全面远程监控，包括环境参数、动物健康状况、设备运行状态等，以提

高养殖效率、保障动物健康和产品质量。

(二) 功能实现

1. 环境监测与调控

实时采集环境参数，当参数超出预设的阈值时，自动触发通风设备、加热设备、降温设备等，实现环境的自动调节。

2. 动物健康监测

实时监测动物的生理指标，结合数据分析，提前预警疾病的发生，及时采取治疗措施。

3. 设备监控与管理

对养殖场的设备进行远程监控，包括设备的运行状态、能耗情况等，实现设备的远程控制和维护管理。

4. 数据分析与决策支持

对采集到的数据进行深度分析，生成报表和图表，为养殖管理提供决策依据，如优化饲料配方、调整养殖密度等。

5. 报警通知

当环境参数异常、动物健康出现问题或设备故障时，系统通过短信、邮件、应用推送等方式向相关人员发送报警通知，确保问题得到及时处理。

(三) 实施步骤

1. 需求调研

深入了解养殖场的规模、养殖品种、现有设备和管理需求，确定监控系统的功能和性能要求。

2. 方案设计

根据需求调研结果，设计系统架构、选择合适的硬件设备和软件平台，制定详细的实施方案。

3. 设备安装与调试

在养殖场内安装传感器、摄像头等设备，并进行网络连接和系统调试，确保设备正常运行。

4. 系统集成与测试

将各个子系统进行集成，进行全面的系统测试，确保数据采集准确、传输稳定、功能正常。

5. 人员培训

对养殖人员和管理人员进行系统操作培训，使其熟练掌握系统的使用方法和维护技巧。

6. 上线运行与优化

系统正式上线运行后，根据实际使用情况不断优化系统性能和功能，以满足养殖场不断变化的需求。

通过以上解决方案，利用物联网技术的养殖场远程监控系统能够有效提高养殖场的管理水平和生产效率，为养殖业的可持续发展提供有力支持。

五、物联网技术下养殖场远程监控技术的应用场景

物联网技术下养殖场远程监控技术具有广泛的应用场景，以下为一些常见的场景。

(一) 家禽养殖场

(1) 实时监测鸡舍内的温度、湿度、氨气浓度等环境参数，确保家禽处于适宜的生长环境。

(2) 通过摄像头观察鸡群的行为和健康状况，及时发现异常，如啄羽、扎堆等。

(3) 远程控制通风设备、照明设备和饲料投喂系统，实

现自动化管理。

（二）养猪场

（1）监控母猪的发情期和怀孕情况，通过智能传感器获取母猪的生理数据。

（2）对猪舍的空气质量进行监测，自动调节通风系统，减少呼吸道疾病的发生。

（3）远程操控猪舍的清洁设备，保持猪舍的卫生。

（三）奶牛养殖场

（1）追踪奶牛的活动量和采食情况，评估其健康和产奶性能。

（2）监测牛奶的产量和质量，及时发现乳腺炎等疾病。

（3）远程管理挤奶设备和奶牛的饲喂计划。

（四）水产养殖场

（1）检测水质参数，如水温、溶解氧、酸碱度、盐度等，保障水产动物的生存环境。

（2）观察鱼类的生长和活动情况，预防疾病和寄生虫感染。

（3）远程控制增氧机、投饵机等设备。

（五）特种养殖场所（如鹿场、蛇场等）

（1）对动物的生活环境和生理状态进行精准监测，满足其特殊的养殖需求。

（2）确保养殖环境的安全性，防止动物逃逸或受到外界干扰。

（六）大型养殖企业的多养殖场管理

对分布在不同地区的多个养殖场进行集中监控和管理，实现资源的优化配置和统一调度。

（七）养殖科研试验基地

精确收集和分析养殖过程中的各种数据，为养殖技术的研究和创新提供支持。

物联网技术下的养殖场远程监控技术在各类养殖场中都有着重要的应用，能够显著提高养殖效益、保障动物健康和产品质量。

六、物联网技术下养殖场远程监控技术发展趋势

物联网技术下养殖场远程监控技术在未来可能呈现以下几个发展趋势。

（一）更高的精度和智能化

（1）传感器的精度将不断提高，能够更精准地监测各种细微的环境变化和动物生理指标。

（2）借助人工智能和机器学习算法，系统将具备更强大的智能分析和预测能力，例如，提前预测疾病的发生、精准预测动物的生长趋势等。

（二）融合多源数据

不仅仅局限于传感器采集的数据，还将整合来自市场信息、气象数据、疫病流行数据等多源信息，为养殖场的决策提供更全面的依据。

（三）更强大的互联互通

与其他农业相关技术和系统实现更紧密的融合和互联互通，如与农业电商平台对接，实现从养殖到销售的全链条数字化管理；与农业大数据平台共享数据，为行业发展提供宏观指导。

（四）绿色环保与可持续发展

监控技术将更加注重资源的高效利用和环境保护，例如通

过精准控制减少饲料和水资源的浪费，降低养殖废弃物对环境的影响。

（五）小型和家庭养殖场的普及

随着技术成本的降低和易用性的提高，小型和家庭养殖场也将越来越多地采用这种远程监控技术，提高养殖管理水平。

（六）增强的生物安全防控

在疫病防控方面发挥更重要的作用，通过实时监测和智能预警，快速响应和阻断疫病传播，保障养殖业的生物安全。

（七）个性化定制服务

根据不同养殖场的特点和需求，提供个性化的监控方案和服务，满足多样化的养殖模式和品种需求。

（八）法规和标准的完善

随着技术的广泛应用，相关的法规和标准将不断完善，以确保数据的安全性、准确性和系统的可靠性。

总之，未来物联网技术下养殖场远程监控技术将朝着更智能、更融合、更环保和更普及的方向发展，为养殖业的现代化和可持续发展提供有力支撑。

第三节 精准饲养技术

精准饲养技术是一种基于动物个体的生理、生长阶段、健康状况、遗传特性以及环境条件等多方面因素，运用现代科技手段实现精确计量和定制化投喂饲料、营养物质及管理策略的饲养方法。

一、精准饲养技术的核心要素

精准饲养技术的核心要素包括以下方面。

（一）先进的监测手段

利用传感器、智能标签和图像分析等技术，实时监测动物的体重、体温、活动量、采食情况等生理和行为指标。同时监测养殖环境的温度、湿度、空气质量等参数。

（二）详细的个体数据记录

建立每只动物的电子档案，记录其品种、出生日期、繁殖信息、免疫记录以及过往的生长和生产数据。

（三）精准的营养配方

根据动物的不同生长阶段、生理状态、生产目标和环境条件，运用营养学知识和数学模型，计算出精确的饲料配方，确保满足其营养需求，同时避免营养过剩或不足。

（四）智能化的投喂系统

采用自动投喂设备，能够按照预定的配方和投喂量，准确地为每只动物提供饲料，还可以根据实时监测的数据进行动态调整。

（五）疾病预防与健康管理

通过对动物健康数据的分析，及早发现潜在的疾病风险，及时采取预防措施，如调整饲料、改善环境或进行免疫接种。

（六）数据分析与决策支持

利用大数据分析和人工智能算法，对收集到的大量数据进行处理和挖掘，为养殖者提供决策建议，如优化饲养流程、调整养殖策略等。

二、精准饲养技术的好处

精准饲养技术的应用带来了诸多好处。

（一）提高生产效率

使动物生长更快、生产性能更高，如增加产奶量、产蛋量、肉产量等。

（二）降低成本

减少饲料浪费，提高饲料利用率，降低疾病发生率，从而降低养殖成本。

（三）提升产品质量

生产出更优质、安全、符合标准的畜产品。

（四）环境保护

精确控制饲料投入，减少氮、磷等污染物的排放，对环境更加友好。

例如，在养猪业中，通过精准饲养技术，可以根据每头猪的生长速度和体重变化，实时调整饲料配方和投喂量，确保猪在不同生长阶段都能获得最佳的营养供应，从而提高猪肉的品质和养殖效益。

三、精准饲养技术的应用

（一）生猪养殖

利用智能饲喂系统，根据猪的体重、生长阶段和营养需求，精确调整饲料的投放量和营养成分。这样可以提高饲料利用率，减少浪费，同时保证猪的健康生长。

（二）奶牛养殖

通过低蛋白日粮技术和无苜蓿日粮技术，降低饲料成本，提高奶牛的产奶量和质量。此外，还可以利用传感器和监测设备，实时监测奶牛的健康状况，及时发现疾病并采取治疗措施。

（三）肉牛养殖

采用全混合日粮（TMR）智能饲喂系统，根据肉牛的需求、体重、生长阶段和营养需求等特征，精准计算和配制饲料配方，实现个性化饲喂。这种精准供给的饲料不仅满足了肉牛的营养需求，还降低了饲料的浪费，提高了饲料的利用率，从而有效降低了养殖成本。

（四）养鸡场

使用智能喂食系统和环境自控系统，实现对鸡的精准饲养和环境控制。智能喂食系统可以根据鸡的体重、食量和生长情况，精确调整饲料投放量，使鸡群的生长速度更快，肉质更好。环境自控系统可以为鸡只创造适宜的环境条件，避免因人工操作导致的鸡群应激，提高生产性能。

第四节　智慧养殖业疾病预警与防控技术

智慧养殖业是指运用现代化电子信息技术和先进管理理念，对养殖生产全过程进行智能化管理和优化，以提高养殖效益和产品质量。在智慧养殖业中，畜禽疾病的防治是关键环节之一，其目标是实现疾病的早期预警、精准诊断和科学防治，以降低疫病风险，保障养殖业的可持续发展。智慧养殖业中的畜禽疾病防治需要综合运用物联网、大数据、人工智能等技术，实现疾病的早期预警、精准诊断和科学防治，保障养殖业的可持续发展。

一、智慧养殖业中畜禽疾病的监测、预警、诊断与评估

智慧养殖业是指运用现代化电子信息技术，实现养殖生产自动化、智能化，提高养殖效益和竞争力。在智慧养殖业中，畜禽疾病监测与预警是一个重要的应用领域，畜禽疾病诊断与

评估是利用现代信息技术，实现对畜禽疾病快速、准确诊断和评估的重要手段。以下是智慧养殖业中畜禽疾病监测、预警、诊断与评估的主要内容。

（一）实时数据采集

通过物联网技术和传感器设备，实时收集畜禽的生长发育数据、生理指标、行为表现等信息。这些数据可以为疾病监测和预警提供依据。

（二）数据分析与处理

利用大数据分析技术、云计算技术等，对收集到的畜禽信息进行处理和分析，挖掘潜在的疾病风险。通过构建畜禽健康状况的模型，实现对疾病的早期预警。

（三）疾病诊断与预测

结合机器学习、人工智能等技术，对畜禽的疾病进行自动诊断和预测。根据诊断结果，为养殖户提供针对性的预防措施和建议，降低疾病发生的风险。

（四）智能监控系统

通过安装监控摄像头、环境传感器等设备，实时监测畜禽的生长环境和行为表现。

异常情况可以及时报警，提醒养殖户采取相应措施。

（五）人工智能诊断

结合机器学习、人工智能等技术，对畜禽的疾病进行自动诊断。通过训练神经网络模型，使其能够根据畜禽的生理数据和行为表现，自动识别疾病类型。

（六）疾病防治知识库

建立疾病防治知识库，为养殖户提供疾病防治的专业知识。内容包括疾病症状、诊断方法、预防措施、治疗方案等。

养殖户可以根据知识库，了解畜禽疾病的相关信息，提高自身防疫能力。

（七）远程诊断服务

通过互联网技术，实现养殖户与兽医专家之间的实时沟通和信息共享。养殖户可以在家咨询兽医，获取专业的疾病诊断和评估建议。同时，兽医也可以根据畜禽的疾病状况，调整防治方案，提高疾病防治效果。

（八）疾病预测与风险评估

根据历史疫情数据、环境因素、畜禽生理指标等，预测疾病发生的可能性和风险程度。这有助于养殖户和兽医提前采取预防措施，降低疾病发生的风险。

智慧养殖业中畜禽疾病监测、预警、诊断与评估，可以提高养殖业的自动化、智能化水平，降低疾病风险，提高畜禽生产效益。

二、智慧养殖业中畜禽疾病防治策略

智慧养殖业中，畜禽疾病防治策略是指应用现代信息技术，对畜禽疾病进行科学、有效地预防和控制的方法。以下是智慧养殖业中畜禽疾病防治策略的主要内容。

（一）精细化养殖管理

通过物联网技术和传感器设备，实时收集畜禽的生长发育数据、生理指标、行为表现等信息，实现对养殖环境的精细化管理。合理调整饲养密度、通风、光照、温度等养殖条件，降低疾病发生的风险。

（二）疾病监测与预警

建立畜禽健康状况的监测模型，实时监控畜禽的生长发育和健康状况，对潜在的疾病风险进行预警。这有助于及时发现疾病，减少疾病传播的机会。

（三）智能化防疫设施

利用人工智能技术，实现养殖场内防疫设施的自动化和智能化。例如，自动调节通风系统、自动清洗饮水设备、自动投药系统等。这些智能化设施可以降低人为操作失误，提高防疫效果。

（四）个性化疫苗接种

根据畜禽的品种、年龄、生长阶段等信息，制定个性化的疫苗接种方案。利用大数据分析技术，对疫苗接种效果进行评估，实现对疫苗接种的精确管理。

（五）饲料营养调控

通过分析畜禽的营养需求，合理配置饲料，提高畜禽的抵抗力。根据饲料的营养成分和畜禽的生理需求，调整饲料配方，以降低疾病发生的风险。

（六）养殖环境改善

利用现代生物技术，改善养殖环境。例如，利用益生菌、酶制剂等生物技术产品，调节养殖场的微生物环境，抑制有害菌的生长，降低疾病发生的风险。

（七）疾病防治知识普及

通过互联网技术，向养殖户普及畜禽疾病防治知识。提高养殖户的防疫意识和技能，使其能够及时发现和处理疾病。

（八）远程医疗服务

通过互联网技术，实现养殖户与兽医专家之间的实时沟通和信息共享。养殖户可以在家咨询兽医，获取专业的疾病诊断和防治建议。同时，兽医也可以根据畜禽的疾病状况，调整防治方案，提高疾病防治效果。

智慧养殖业中畜禽疾病防治策略的应用，可以提高养殖业的自动化、智能化水平，降低疾病风险，提高畜禽生产效益。随着科技的不断发展，智慧养殖业在疾病防治领域的应用将越来越广泛。

三、智慧养殖业中畜禽疫病信息管理与服务

智慧养殖业中，畜禽疫病信息管理与服务是指通过现代信息技术，对畜禽疫病信息进行高效、准确地收集、分析、传递和应用的过程。以下是畜禽疫病信息管理与服务的主要内容。

（一）疫病信息收集

通过物联网设备、传感器、移动终端等设备，实时收集畜禽养殖场的环境数据、畜禽生理指标、疫病症状等信息。同时，建立疫病举报系统，接收养殖户上报的疫病信息。

（二）疫病信息整合

将收集到的疫病信息进行整合，建立疫病信息数据库。利用大数据分析技术，对疫病信息进行分析和挖掘，发现疫病的规律和趋势。

（三）疫病监测与预警

根据疫病信息数据库和分析模型，实时监测畜禽疫病的发生和传播情况，对潜在的疫病风险进行预警。这有助于及时采取防控措施，降低疫病传播的风险。

（四）疫病诊断与咨询

通过建立在线诊断平台，养殖户可以实时上传畜禽疫病信息，兽医专家根据上传的信息进行诊断，并提供防治建议。此外，还可以利用人工智能技术，开发疫病诊断模型，辅助兽医进行诊断。

（五）疫病信息发布与传播

将疫病信息以图表、地图、文字等形式进行展示，通过网站、手机 App、短信等方式，向养殖户、兽医等有关人员传递疫病信息，提高疫病信息的传播效率。

（六）疫病防治知识普及

利用互联网技术，向养殖户普及疫病防治知识。例如，通过在线课程、直播课堂、问答社区等形式，提供疫病防治培训和咨询服务。

（七）疫苗与药物推荐

根据疫病信息和诊断结果，为养殖户推荐合适的疫苗和药物。同时，建立疫苗和药物供应管理系统，实现疫苗和药物的追溯和监管。

（八）疫病应急响应

当发生重大疫病时，根据疫病信息，启动应急响应机制，协调各方资源，进行疫病防控。

智慧养殖业中畜禽疫病信息管理与服务，可以提高疫病信息的收集、分析和应用能力，为疫病防控提供科学依据。随着科技的不断发展，畜禽疫病信息管理与服务将越来越完善。

四、畜禽疾病监测系统

利用电子信息技术，兽医可以实现畜禽疾病监测自动化和智能化。例如，利用传感器监测畜禽行为特征、体温、饮食和发情情况，通过远程诊断疾病，及时预防和治疗疾病。通过监测环境温度和湿度等信息，智能控制饲料的供应和水的使用，优化养殖环境，减少畜禽疾病，提高养殖效率。畜禽疾病监测系统是一种利用现代信息技术手段，对畜禽生长发育、健康状况和疾病流行趋势等进行实时监测、分析和管理的系统。它主要由以下几个部分组成。

（一）传感器

传感器是畜禽疾病监测系统的基础，用于实时收集畜禽养殖环境中的各种数据，如温度、湿度、光照、气体浓度等。

（二）数据传输与处理

通过互联网、无线通信等技术将收集到的数据传输至中央处理系统，进行实时分析和处理。处理系统可以采用本地部署或云端服务等方式。

（三）数据存储与分析

将收集到的数据进行存储，建立起畜禽养殖的大数据库。通过数据挖掘和人工智能等技术手段对数据进行深入分析，发现畜禽生长、发育和健康状况的规律与趋势。

（四）可视化与报警

将分析处理后的数据以图表、图像等形式展示给用户，便于用户快速了解畜禽养殖状况。同时，根据预设的报警规则，发现异常情况及时向用户发出警报。

（五）远程诊断与控制

兽医或其他相关人员可以通过畜禽疾病监测系统对畜禽进行远程诊断，制定预防和治疗方案。此外，系统还可以根据需要对养殖场环境设备进行远程控制，如自动调节温度、通风等。

畜禽疾病监测系统能够提高养殖场的管理水平和生产效益，降低动物疾病风险，提高动物福利。同时，它也有助于实现养殖业的可持续发展和环境保护。

电子信息技术的进步和应用，促进了智慧农业的发展，也促进了智慧养殖业的发展。智慧畜牧的信息化、数据化、可视化、动态化、量化管理，可实现生态畜牧的每个个体的全生命周期档案管理，追踪溯源、智能、动态、量化、可视化管理。国内的养殖物联网技术开放平台，是新形式的养殖物联网服务模式，是物联网时代的服务+数据运营平台。主要业务构成有养殖物联网、养殖环境控制器、技术服务和养殖场管理。养殖企业利用养殖物联网平台综合系统发展智慧养殖业。

兽医可以利用计算机和软件系统记录和管理动物的健康档案，包括病历、药物使用和治疗方案等信息。这样可以方便兽医了解动物的健康状况，及时更新治疗方案，提高治疗效果。兽医可以利用互联网、传感器和 GPS 等技术，实现对动物的实时监控。

大型养殖场通过兽医电子监控系统可以及时发现畜禽的异常行为或疾病症状，通过远程诊断及时预防和治疗疾病，提高治疗效果，提高生产效益。

兽医通过畜禽疾病远程诊断和治疗系统，采用机器人注射疫苗，以及畜禽疾病监测系统和畜禽疫病防治药物投放系统等，在智慧养殖业中进行畜禽疾病的防治。疾病防治始终是养殖业的关键环节，由于现代养殖业都是集约化养殖，畜禽饲养密度高，一旦发生疫病，就会导致养殖业重大损失，甚至是灭顶之灾，因此，疾病防治永远是养殖业的重要任务。

第五节　区块链溯源技术

区块链溯源技术为畜牧健康养殖带来了创新和变革，它通过去中心化、不可篡改和可追溯的特性，确保了畜牧产品从养殖到餐桌的全过程透明和可信。

一、区块链溯源技术的工作原理

在畜牧健康养殖中，区块链溯源技术的工作原理如下。

从牲畜出生开始，为每只牲畜创建唯一的数字身份标识。在养殖过程中，通过物联网设备（如传感器、智能耳标等）实时采集牲畜的生长环境数据（包括温度、湿度、饲料投喂情况等）、健康状况（如疫苗接种、疾病治疗等）以及养殖操作信息（如养殖人员、养殖时间等）。这些数据会自动上传至区块链平台，并以加密的方式存储在分布式账本中。

在运输和加工环节，相关的信息（如运输车辆、运输路线、屠宰加工时间等）也会被添加到区块链中。消费者在购买畜牧产品时，可以通过扫描产品包装上的二维码或其他标识，获取该产品从养殖到销售的全链条信息，从而了解产品的真实来源和质量情况。

二、区块链溯源技术带来的优势

区块链溯源技术带来的优势显著，有以下几个方面。

1. 保障食品安全

消费者能够清晰了解畜牧产品的生产过程，增强对产品的信任，降低食品安全风险。

2. 提升养殖管理水平

养殖户可以通过数据分析优化养殖策略，提高养殖效率和质量。

3. 增强品牌价值

对于养殖企业来说，可追溯的优质产品有助于树立良好的品牌形象，提高市场竞争力。

4. 有效监管与追溯

监管部门能够更方便地进行监管和追溯，一旦出现问题，能够快速准确地定位源头，采取相应措施。

例如，一家牛肉生产企业采用区块链溯源技术，消费者可以看到每头牛的生长环境是在天然牧场，饲料均为有机饲料，且经过严格的检疫程序。这种透明度使消费者更愿意购买其产品，企业的市场份额和品牌声誉也得到了显著提升。

三、区块链溯源技术在畜牧健康养殖中的实现

区块链溯源技术在畜牧健康养殖中的实现，主要包括以下几个步骤。

（一）数据采集

在畜牧养殖的各个环节，如养殖、屠宰、加工、运输和销售等，通过物联网设备、传感器等技术手段，实时采集相关数据，包括牲畜的品种、养殖环境、饲料使用、免疫情况、疾病治疗等信息。

（二）数据上链

将采集到的数据进行整理和加密处理，然后上传至区块链平台。区块链的去中心化和不可篡改特性确保了数据的安全性和可信度。

（三）数据存储

区块链平台将数据以分布式账本的形式存储在多个节点上，确保数据的冗余备份和防止单点故障。同时，通过加密技术保护数据的隐私性。

（四）溯源查询

消费者可以通过扫描产品上的二维码或访问区块链溯源平

台，输入相关信息，查询产品的养殖过程、来源和质量等详细信息。区块链的可追溯性使得消费者能够了解产品的整个生产流程，增加对产品的信任度。

（五）质量监管

监管部门可以通过区块链溯源平台实时监控畜牧养殖企业的生产过程，及时发现和处理违规行为，保障产品质量安全。

（六）数据分析

利用区块链上的数据进行分析，可以帮助养殖企业优化生产流程、提高养殖效率、降低成本，并为消费者提供更好的产品和服务。

例如，某知名养鸡企业运用区块链溯源技术，消费者通过扫描鸡蛋包装上的二维码，不仅能了解到鸡蛋来自哪个鸡舍、鸡的生长周期、饲料配方，还能看到鸡的日常活动视频。这种高度透明的信息展示，让消费者对产品的品质充满信心，该企业的鸡蛋在市场上供不应求。

第六章　植保技术推广

第一节　农作物病虫害预测预报

一、农作物病虫害预测预报工作的必要性

我国是一个粮食大国。若农作物病虫害防治不科学，将会严重影响农业的健康发展，危害国家粮食安全。其中，防治方式不科学、防治时间有偏差是影响农作物病虫害防治效果的重要因素。近些年来，我国已开展了农作物病虫害防治预测预报工作，预测预报工作可以有效地防止病虫害泛滥，保证农作物健康生长，减少人力和物力支出，在一定程度上减少种植成本，提高种植效益，推动农业可持续发展。

二、提升病虫害防治工作的措施

（一）开展信息化农作物病虫害预测预报工作

要想提升病虫害预测预报工作的准确性和有效性，需要详细记录病虫害发生时间，掌握病虫害发生规律，从根本上提高农作物病虫害预测预报水平。另外，随着互联网技术的不断发展，农作物病虫害预防工作效率的提高，工作人员可以非常清晰地了解到病虫害发生时的环境条件、特点和为害程度，为后续的防治工作奠定基础。

随着科学技术的进步，许多科技手段被应用在农作物病虫

害预测预报工作中，显著提高了预测水平。农业工作者要积极引入先进技术，建立病虫害监测基地，通过先进的技术手段来实现对农作物生长情况的监测，并根据相关频率与动向，科学判断农作物生长情况。

（二）科学选择防治方式

生物防治技术已经成了我国防治农作物病虫害的新型手段。它利用自然规律，在不破坏生态环境与生态平衡的基础上，通过引入害虫天敌来达到防治效果。生物防治技术效果较好，可保护环境，不会造成农药残留。

物理防治技术主要是通过光、气等物理因素来达到防治的目的。例如，在害虫频发区域安装一些电铁丝网，当害虫被铁丝网内部的灯光吸引过来时，触碰到电网就会触电而死。

这种方式可以有效达到防治效果，需不断研究最合适的物理防治工具。

农作物病虫害对农作物健康生长产生不良影响，阻碍了我国农业的良性发展。

因此，在农作物生长过程中，及时对农作物病虫害发生时间和规律进行预测，提高预测水平，防止病虫害扩散，推动我国农业发展。

三、农作物病虫害预测预报智能化的主要方式

（一）新型监测设备的应用

一是智能虫情测报灯的广泛设置。智能虫情测报灯是采用昆虫趋光的生物特性设计开发的，通过光波诱导成虫，然后将其捕捉，自动制成标本，将其照片传输到管理云平台，从而实现病虫数据自动化采集与分析，设置区域测报站，每个测报站设置2个基层系统测报点，每点设置1名基层测报员，配备1台智能虫情测报灯，基本全覆盖了重点的生产区域，测报数据

具有广泛的代表性。智能虫情测报灯可以实现测报员足不出户就能够了解害虫的发生，帮助植保人员进行虫害问题的分析，降低化学农药的使用量，达到有效的害虫控制。

二是重点病虫使用害虫性诱自动监测系统。害虫性诱自动监测系统集害虫诱捕、数据统计、数据传输于一体，可以实现对重点害虫的定向诱集监测，自动计数，实时报传、远程监测、虫害预警的自动化、智能化，保证了害虫计数的准确性。将信息技术与害虫检测技术相结合，利用害虫信息素诱捕技术、计算机视觉技术完成取样、图像传输等过程，有针对性地对某种害虫的自动化监测。

三是病虫远程实时监控系统。依托现代智慧农业的基础设施建设，选择有代表性生产基地作为监测点，配备远程实时监控系统，完成虫情信息、病菌孢子、农林气象信息的图像及数据采集，通过远程无线传输，实时显示虫情、病菌孢子图像；通过图像信息库及技术分析功能，分析田间的病虫害数量变化，预测病虫害的发生时间和趋势；测报人员可通过云平台或手机 App 实时查看数据，提高相关病虫害监测防控能力。

（二）远程诊断系统的应用

开发农作物病虫害远程诊断系统。在总结农作物病虫害诊断知识和经验的基础上，整理完善适合于当地的病虫害数据库，并对病虫害的发生发展进行推理决策，帮助广大农作物种植者和相关技术人员解决在生产过程中遇到病虫害防治方面的实际问题，建立用户信息输入查找、专家知识检索、线下专家面对面连接等咨询方式，用户在系统中提交自己在生产中遇到的植保问题，系统可以根据问题涉及的领域将问题推送给专家库中的一个或多个植保专家，并安排远程会诊时间，借助于音频、视频等工具，用户可以和植保专家实时就出现的问题进行沟通和交流，完成对主要农作物常见病虫害进行正确的诊断，足不出户解决问题。

建立病虫害预测的良好体系。利用现有的国家和省开发的病虫害预警系统，及时开展病虫害田间调查和数据统计上报工作，实现国家、省级任务自动上报，无缝对接国家、省级系统，建立重点监测点档案，一点一档，明确各级测报网络体系人员的任务和责任，指导协作，配合上级部门做好测报工作，形成市、县、镇、村、户五级测报网络。测报点智能型测报物联网设备产出的数据通过网络传输到系统内，并进行数据标准化验证和统一管理。应用多种统计原理和分析方法，根据病虫害发生规律与环境关系，分析历史病虫害发展趋势，作定性的数据统计和分析。基于地理信息系统，在数字地图上叠加各类调查数据和设备数据，实时提供病虫害发生状态。收集整理汇总本地区主要病虫害的技术资料、图片和历史资料，以及影响病虫害发生的气象资料、农业信息，完善病虫害信息数据库，建立起完整的地区病虫害档案和病虫图谱。

第二节　农作物病虫害绿色防控

病虫害是影响农业生产的重要因素。目前农作物病虫害的种类非常多，在病虫害的防治过程中，农药发挥了很大的作用，但是也带来了诸多的问题，如环境污染、农产品质量安全问题、害虫抗药性不断增强等，严重影响了人们的生产、生活。随着农业发展模式及种植结构的调整，传统的农药防治方法严重影响了现代农业的可持续发展。病虫害绿色防控技术，以农药减量增效为目标，坚持"绿色植保"的理念，采用农业防治、物理防治、生物防治、生态调控、科学用药等病虫害绿色防控技术，可控制或减少病虫害的发生，达到保护生态环境、促进农业生产的目的。

一、农作物病虫害绿色防控的发展历程

（一）绿色防控的概念

绿色防控就是根据农作物的生长习性及农作物病虫害的发生特点，因地制宜，科学合理采用农业防治、生态控制、物理防治、生物防治及化学防治等方法，减少化学农药的使用量和使用次数，有效降低农药残留，保障农业生产安全和农产品质量安全，将农业病虫害控制在经济阈值的范围内。

（二）我国农作物病虫害防治发展过程

第一阶段（20世纪60年代以前）：传统防治阶段，以控害为核心，采用农业防治、物理防治措施。

第二阶段（20世纪60年代初至20世纪70年代中后期）：化学防治阶段，以控害和保产为中心，较少考虑质量安全和生态安全，采用化学农药防治。

第三阶段（20世纪70年代末至20世纪末）：综合防治阶段，以防效和产量为核心，兼顾质量效益和生态效益，非化学防控措施得到应用，但化学防治比例仍较大。

第四阶段（21世纪初至今）：绿色防控阶段，质量安全、生态保护和经济效益并重，以非化学措施为主，最大限度减少农药用量。

（三）绿色防控发展历程

2006年以来，我国提出了"公共植保、绿色植保"新理念，开启了农作物病虫害绿色防控的新征程。2011年，农业部印发《关于推进农作物病虫害绿色防控的意见》，随后将绿色防控作为推进现代植保体系建设、实施农药和化肥"双减行动"的重要内容。党的十八届五中全会提出了绿色发展新理念，2017年，中共中央办公厅、国务院办公厅印发《关于

创新体制机制推进农业绿色发展的意见》，提出要强化病虫害全程绿色防控，有力推动绿色防控技术的应用。2019 年，农业农村部、国家发展改革委、财政部等 7 部（委、局）联合印发《国家质量兴农战略规划（2018—2022 年）》，提出实施绿色防控替代化学防治行动，建设绿色防控示范县，推动整县推进绿色防控工作。在新发展理念和一系列政策的推动下，农作物病虫害绿色防控技术示范和推广面积不断扩大，到 2019 年底，我国绿色防控应用面积超过 8 亿亩，绿色防控技术覆盖率超过 37%，为促进农业绿色高质量发展发挥了重要作用。

二、农作物病虫害绿色防控的意义

（一）减少农业面源污染，保护生态环境

农药是现代农业生产过程中不可缺少的农业物资投入品，农药的使用为农业生产带来了诸多的好处，如提高了病虫害防治效果和粮食产量等，但由于农药的过量使用及许多农药具有不易分解的特性，加重了农业面源的污染，对整个生态环境产生了不良的影响。残留的农药进入土壤、水体、空气等，造成土壤板结退化、水体污染、空气污染等环境问题。通过绿色防控技术，能有效减少农药的使用，减少因农药使用及其废弃物带来的农业面源污染，保护生态环境。

（二）提高农产品质量安全，产品提质增效

由于农药的大量使用，农药残留问题日趋严重，因农药残留问题导致的事件时有发生，危害了人们的生命及身体健康，而且农业发展模式正在向现代农业的要求发展，传统的农业种植模式及病虫害防治模式已经不符合现代农业的发展要求。农作物病虫害绿色防控技术，能有效适应现代农业发展过程中的农药减量控害的要求，减少农药残留，提高农产品质量要求，提高农产品市场竞争力，增加农产品产值。

（三）保护生物多样性

农药施用后容易残留在大气、土壤、水体及动植物体内，通过食物链的作用，对动物乃至人体产生危害。

目前使用的农药大多是广谱性的，能杀死多种昆虫，在消灭有害生物的同时，也杀害了天敌和其他有益生物，危害了生物多样性，破坏了生态平衡。通过绿色防控技术，运用农业防治、物理防治、生物防治、生态调控等技术，能够减少农药的使用，达到保护生物多样性的目的。

三、农作物病虫害绿色防控的方法

（一）农业防治

通过选用抗病品种、种子处理、土壤处理、清洁田园、水肥管理、嫁接、果实套袋、合理作物布局等措施，切断病虫害传播途径，减轻病虫害的为害，甚至控制病虫害的发生。

1. 选用抗病品种

首先，选用通过品种审定和检疫合格的种子，防止危险性病害的传播。其次，根据当地的气候条件，选用适宜种植的抗病虫性、抗逆性强的优良品种，这是防治农作物病虫害最经济有效的办法。

2. 种子处理

在农业生产中，种子处理主要指对种子进行消毒、浸种、催芽处理。播前的种子处理能消除种子表皮上所带的病菌，防止病害传播，还能打破种子休眠期，促进种子发芽，使出芽整齐，幼苗生长健壮。

3. 土壤处理

进行土壤消毒处理可以将土壤中的病原菌彻底杀灭，从而保证农作物的正常生长，减少病害的发生。

4. 清洁田园

及时拔除田间病株，及时清理田间地头的杂草、腐烂果实及枯枝败叶，对清理出的杂物进行集中深埋处理或烧毁，切断病虫传播途径，防止病虫害传播蔓延。

5. 肥水管理

及时排除田间积水，降低土壤湿度。运用测土配方施肥技术，根据作物需肥规律、土壤养分供应情况等，提出合理的施肥配方，按需施肥，平衡施肥，提高肥料利用率，从而提高作物抵抗病虫害的能力。

6. 嫁接

嫁接技术是利用高抗或免疫的砧木与栽培品种进行嫁接，达到防治土传病害、增强植株抗逆性、提高水肥利用效率、增加产量和改善品质的目的。该技术在番茄、黄瓜、辣椒、西葫芦、苦瓜、冬瓜、丝瓜以及甜瓜、西瓜等瓜果蔬菜上使用较多。因蔬菜设施栽培的出现，实现了蔬菜周年生产，蔬菜重茬栽培现象十分常见，连作带来的土壤环境恶化，土壤中病虫害的种类和数量增多问题也日渐明显，土传病害也造成了蔬菜产量质量下降。由于砧木具有较强的抗土传病虫害的能力，嫁接苗利用其根部较强的抗病虫能力，可以有效减少或避免因土传病虫害从根部对作物造成的侵染伤害，减少病虫害的发病。如瓜类蔬菜嫁接选用的砧木主要是黑籽南瓜，嫁接黄瓜、瓠瓜可高抗枯萎病。同时，因选择砧木一般根系都比较发达，吸水吸肥能力强，根系入土深，具有很好的吸水吸肥能力，提高了水肥的利用率。

7. 果实套袋

果实套袋是生产无公害、绿色或有机高档果品或针对裂果严重品种的一项特殊措施，是提高鲜果质量、增加经济效益的重要措施。选择适合果实大小的清洁的纸袋或塑料袋，袋子要能够完全覆盖果实并为果实的成长留有足够的空间。应在果实开始形成但尚未成熟时进行套袋，注意套袋前对果实表面进行无害化杀菌处理。果实套袋后，果袋起到了很好的隔离作用，将病原菌隔离在了袋外，使病原菌无法与果实接触，减少了病虫对果实的为害，同时减少了农药的用药次数，而且套袋后还减少了畸形果实的出现，使果实颜色更加亮丽，提高了果实品质。

8. 合理作物布局

（1）轮作是在一定年限内在同一块地上轮换种植不同作物的种植制度。轮作可以减轻与作物伴生的病虫草害。如软腐病能为害十字花科的多种作物，如果在同一块土地上连续种植这些作物，病菌的寄主源源不断，病害的发生情况会越来越严重。通过在同一地块上种植其他不易感染相同病菌的作物，或在某种虫害发生严重的地块种植其他不感虫作物，便可逐渐减少土壤中这种病菌及虫卵的数量，减轻病虫为害。

（2）间作是在一个生长季内在同一块田地上分行或分带间隔种植两种或两种以上作物的种植方式。如棉田间种玉米，能够大幅降低棉铃虫在棉苗上的产卵量和为害。

（3）套种是在前季作物的生育后期在其株行间插种或移栽后季作物的种植方式。如小麦田里套种玉米，能够使大量害虫天敌得到保护，从而能有效地控制以蚜虫为主的多种虫害。又如玉米和大豆套种，大豆根瘤菌具有固氮作用，为玉米提供所需氮肥，玉米在土壤中为大豆根瘤菌供应较多碳水化合物。

（4）混作是在同一块田地上按一定比例混插或混栽两种或两种以上生育期相近的作物的种植方式。混作充分利用了作物之间的互补作用，或相互促进，或为另一方提供庇护。

（5）合理种植密度。如果种植密度过大，很容易形成荫蔽的环境，田间湿度大，通风透气性差，易引发病虫害。合理密植，有利于作物通风透光，进行光合作用，植株长势好，有利于提高植株的抗病虫能力。

（二）物理防治

利用昆虫的某种趋性或习性等特点，利用灯光、黄蓝板、性诱剂、糖醋液等诱杀害虫，通过物理手段进行防控。

1. 灯光诱杀

灯光诱杀是利用昆虫趋光性的特点进行昆虫诱杀的方法。如频振式杀虫灯，可应用在粮食、蔬菜、果树田里，可诱杀金龟子、地老虎等地下害虫，黏虫、玉米螟、棉铃虫等粮棉害虫，小菜蛾、斜纹夜蛾等蔬菜害虫，食心虫、桃蛀螟等果树害虫。

2. 黄蓝板诱杀

黄蓝板诱杀是利用害虫的趋色性，把害虫吸引过来，粘在杀虫板上进行诱杀的方法。黄板可诱杀蚜虫、白粉虱、斑潜蝇等害虫。蓝板可诱杀蓟马、蝇类等害虫。

此外，还可在田间悬挂银灰条膜来驱避蚜虫。

3. 性诱剂诱杀

性诱剂诱杀害虫技术是近年国家倡导的绿色防控技术，其原理是通过人工合成雌蛾在性成熟后释放出一些称为性信息素的化学成分，吸引田间同种寻求交配的雄蛾，将其诱杀在诱捕器中，使雌虫失去交配的机会，不能有效地繁殖后代，通过减少其后代种群数量而达到防治的目的。可使用小菜蛾性引诱剂、玉米螟性引诱剂、烟青虫性引诱剂等防治相应害虫。

4. 食饵诱杀

食饵诱杀是利用害虫的趋化性，在害虫取食的饵料中加入适量的毒剂诱杀害虫的方法，如利用糖醋液诱杀黏虫。

（三）生物防治

生物防治是指以虫治虫、以菌治虫、以螨治螨、以菌治菌以及利用植物、微生物本身或者它们产生的物质为主要原料加工而成的生物农药等来防治病虫害的技术。

1. 以虫治虫

以虫治虫是利用害虫捕食性天敌和寄生性天敌防治害虫的方法。

常用的捕食性天敌有草蛉、瓢虫、食蚜蝇、捕食螨等。草蛉除可捕食蚜虫外，还可取食红蜘蛛、介壳虫及蛾蝶幼虫等；瓢虫可捕食蚜虫、粉虱、螨类等；食蚜蝇主要捕食蚜虫、蓟马、小型鳞翅目幼虫等；捕食螨能迅速控制并减少棉叶螨的发生。

寄生性天敌是将卵（少部分是幼虫）产在害虫成虫、幼虫、卵、蛹的体内或体外营寄生生活，如赤眼蜂、金小蜂、寄生蝇等。赤眼蜂能寄生在玉米螟、棉铃虫等鳞翅目昆虫的卵内，幼虫期以寄主卵里的营养物质为食，当卵里的营养物质耗尽时，它们已发育成新的成虫，咬破卵壳钻出来飞走了，而害虫的卵则不能孵化为幼虫。金小蜂寄生在鳞翅目昆虫的蛹里，如菜粉蝶的蛹。金小蜂把卵产在菜粉蝶蛹上，卵孵化为幼虫后就钻入蛹内寄生，发育成长。当蛹内金小蜂幼虫老熟后也在蛹内化蛹，然后羽化为成虫，破蛹而出，菜粉蝶的蛹就不能发育成成虫。寄生蝇往往把卵产在害虫幼虫身上，卵孵化为幼虫后钻入害虫体内寄生。寄生蝇的幼虫成熟后，从害虫幼虫身上钻出，钻入泥土中化蛹，而害虫幼虫则死亡。

2. 以菌治虫

苏云金杆菌主要被用于防治鳞翅目害虫幼虫，如菜青虫、小菜蛾、玉米螟。苏云金杆菌主要通过胃毒作用将害虫杀死，但是对蚜虫、螨类等刺吸式口器害虫无效。

白僵菌大面积用于果树、粮食、蔬菜等害虫的防治，如玉米螟、蚜虫、桃小食心虫、蛴螬等。白僵菌专一性强，对非靶标生物如瓢虫、草蛉和食蚜蝇等益虫影响较小。

3. 以螨治螨

以螨治螨是采用人工释放捕食螨来防治害虫的方法。如利用胡瓜钝绥螨（捕食螨）消灭红蜘蛛，防治蔬菜虫害。

4. 以菌治菌

春雷霉素可用于防治黄瓜、番茄等的细菌性病害及灰霉病等，蜡质芽孢杆菌可用于防治纹枯病。

5. 以病毒治虫

用来防治害虫的病毒主要是核型多角体病毒、颗粒体病毒和质型多角体病毒。核型多角体病毒可用于防治棉铃虫、小菜蛾、斜纹夜蛾幼虫。核型多角体病毒和质型多角体病毒可用于防治马尾松毛虫。

（四）生态调控

大力开展生态环境建设，植树种草，绿化荒山荒坡，增加林草覆盖率，并结合农业开发、高标准农田建设、耕地流出整改等工作，将分散的小地块建成成方连片的大面积农田，减少田埂、地边等病虫害栖息、产卵、繁殖的场所。还要注意调控田间小气候，及时中耕除草，加强水肥管理，排除田间积水，增加通风透光，减少病虫害的为害。

（五）科学用药技术

选用高效、低毒、低残留、低污染的农药，严格农药使用安全间隔期、轮换用药，减轻病虫害抗药性，降低农药使用带来的负面影响。

四、农作物病虫害绿色防控策略

（一）加强宣传指导

充分利用网络媒体，如微信公众号、抖音等网络平台，向种植户宣传绿色防控的重要性及技术措施，加强绿色防控的宣传，使种植户从思想上认识到绿色防控的重要性，实时更新绿色防控技术及现代农业种植技术，还可以充分发挥种植大户、家庭农场、农民专业合作社的示范带头作用。在绿色防控推广过程中，还要针对不同地区、不同农作物，提出专业的防控措施，提高防控效果。

（二）组建高素质的绿色防控队伍

绿色防控过程中，高素质的防控队伍起着关键的作用，他们不仅承担着重要的技术指导工作，还要应对各种突发的技术问题，对防控人员的专业素养和自身素质都有着很高的要求。

（三）加强病虫害预报监测工作

做好病虫害的预报监测工作，能及时掌握病虫害的发生规律，对病虫害的发生情况及时作出研判，及时做好相应的预防措施，减少病虫害给农作物带来的为害，保证农产品的产量和品质，增加农民收入。

（四）做好记录，总结交流工作经验

在病虫害防治过程中，相关部门和防控人员要做好记录，建立完整的防控档案，为以后的防控工作提供参考。同时还要定期对防控人员进行培训，更新病虫防控知识及现代种植技术，促进交流和学习，提高防控人员的知识储备量。

第三节 农产品安全生产与生物农药使用技术

生物农药就是通过将有效的有机物或者代谢物,用于农作物的害虫控制。由于其优越性,生物农药在农林害虫控制方面得到了越来越多的重视,相对于以前的高毒性化学农药,生物农药的控制作用更加明显,同时也可以减少对环境的影响。在目前的农业生产中,对害虫的控制大多采用喷施农药,而生物农药则是一种高效杀伤害虫的药物。因此,必须综合分析各种影响因素,科学、合理地应用生物农药,找出生物农药使用技术与当前使用存在的问题,以提高农产品安全生产效率,并对病虫害进行有序的防治。

一、生物农药特点及推广意义

(一) 生物农药特点

从生物农药的分类上,可以划分为三大类:动物源农药、植物源农药、微生物农药。动物源农药是动物自身及其代谢物,如蜘蛛毒素、黄蜂毒素、沙蚕毒素等;植物源农药是植物自身及其代谢物,如苦参碱、烟碱、大蒜素、基因激活素等;微生物农药是指以细菌、真菌、病毒和原生动物或基因修饰的微生物等活体为有效成分的农药。

与传统的农药相比,生物农药相对于人类和动物,其毒性相对较低。因此对使用者的毒性极小,对环境也是安全的。传统的农药以神经毒素为主,但其作用机制千差万别,种类繁多。

生物农药易于降解,能有效地解决农作物的病害,减少农业环境的污染,提高农药的质量和安全性。病毒或诱饵农药的控制对象比较单一,对病虫害的控制选择性较高,仅能控制害虫，不会对其他的花、鸟、鱼造成任何影响，可以被分解、稀释，回到自然中。生物农药不易发生耐药性，在防治病虫害方面，既能治标又能治本。目前有多种方法可以利用生物农药，如采用人工繁殖、引种等方法引进害虫，或采用生物技术、基因改造等方法，研制出更有效的农药。与传统的高毒性副农药相比，生物农药的开发成本更低，而且对环境的污染也更少。生物农药的研发费用，也要比化学农药的注册成本低得多。

（二）生物农药推广的意义

长期以来，防治害虫的方法多为化学农药。化学农药既能控制病虫害，又能杀死其他动物，会对大自然的生态系统造成损害。近年来，由于农药长期过量使用，对人类的生存造成了严重的污染和危害，"毒韭菜""毒生姜""毒西瓜"等频频发生，农药的残留物问题日益引起重视。生物农药作为一种新型的农药。限制高毒高残留化学农药的使用，降低化学农药使用造成的残留及对生态的影响。

二、生物农药推广现状及存在问题

虽然人们对采用生物农药替代化学农药的要求越来越多，但其实施起来仍困难重重，国外已有10%以上使用生物农药，国内只有1%。

农民在选择农药时，首要考虑的是农药的控制效果，而目前农民对农药施用技术的认识还不够正确，多数农民只以为生物农药与化学农药在使用上并无差别，仍按化学农药的用法，在用药期间施药，不能完全发挥其作用。因此，对生物农药的推广有很大的影响。

农民对其控制效果的选择，主要取决于其使用与否。

因此，要使农民用生物农药、减少化肥用量，就需要大力推广生物农药。

三、生物农药的类型及优势

（一）生物农药类型

植物源农药因其易降解、无公害性而被广泛应用于植物源农药、植物源除草剂。迄今为止，在自然界中已经找到的农药，包括杨林农高技术开发的"博落回杀虫系列""除虫菊素""烟碱""鱼藤素"等。

动物源农药的种类很多，如蜘蛛毒素、黄蜂毒素、沙蚕毒素等。美国、英国、法国等地有动物源农药，在俄罗斯、日本和印度等国家广泛使用，目前在世界范围内登记、生产和应用的动物源农药有40余种。

微生物源农药是指将微生物及其代谢产物用作生物农药来控制农业生产中的危害。苏云金杆菌是目前全球应用最广、开发时间最长、产量最高的芽孢杆菌。害虫病原菌是一种能有效控制松毛虫和稻曲病的菌株。在实际应用中，利用微生物农药"巴丹"或"杀螟丸"等农药的化学成分进行了研究。

（二）生物农药的优势

与常规农药相比，生物农药具有较小的毒性。它们具有选择性，仅对目标害虫和少量与它们密切联系的生物有效。对人类、鸟类、昆虫和其他的哺乳类都是没有危害的。低残留、高效、极少的生物农药就能起到很好的效果，并且它往往会很快被降解。该技术可有效减少常规农药对环境造成的危害，同时也减少了对植物的耐药能力。

目前，生物农药正快速发展，其在今后的发展也会非常有利。其独特的应用和潜在的应用前景主要表现在4个领域：①生物农药具有其他农药无法比拟的优势，由于传统农药大量应用，导致很多昆虫对其产生了耐药性，对其抗药性也在不断增强，传统的农药难以杀灭这些有害生物。如苏利菌、杀敌菌、敌宝等，都是苏云金杆菌的活性成分，主要作用于鳞翅目的幼虫，但对蚜类、螨类、蚧类却没有任何作用。其主要机制是杀死昆虫后，也会传染给没有使用农药的同类昆虫。②可以将生物农药与化学农药混合，有机农药混合施用，大部分的化学农药为酸，具有生理上的中立；对细菌、真菌无抑制效果，且无中和反应，故能进行混合。生物农药可以与多种化学农药混合使用，但不能与碱性农药混合使用，仅有几种农药是不能混合的，如木霉菌农药可以与多种生物农药、化学农药混合使用。③生物农药的特点是毒性低，无残留，作用缓慢，持续时间较长。对人，以及动植物都是无害的，而且对周围的环境没有任何的影响。④生物农药的应用条件及注意事项，采用生物农药时，应采用两种或多种农药联合应用，在防治阶段和连续用药时，均可采用单一品种，但在病虫高发时期，不可同时施用。在配药之前，要先将农药用具清洁，在使用时要注意避开强烈的光线和温度，以免对药效造成不良的影响。

四、生物农药的使用技术

（一）根据防治对象选择生物农药品种

从我国目前的农业发展状况来看，我国目前所采用的农药品种很多，如杀菌剂、农药、微生物代谢产物、抗生素农药等。生物农药不是单纯的农药，也不是每种害虫都能控制，而是要根据具体的病虫害来进行筛选，合理选用生物农药，以保证害虫控制的有效性。若选用不当的生物农药，会严重降低害虫的控制效率，使其失去控制害虫的最好机会。因此，对生物农药的选用要科学、合理，在实际生产中要针对各种病虫害选用合适的农药，以保证防治效果达到实际需要。

（二）根据防治对象选择用药时间

在害虫控制中，生物农药能否起到应有的作用，关键的一点就是对其使用时机的选取。药物使用过程中，要依据害虫发生时期、生长速度等因素，选用合适的生物农药，而害虫的不同时期对其的敏感性也有很大的差别，例如，在害虫控制方面，其本身的抗药性比较低。对害虫的防治效果最佳，是在害虫的幼虫时期，使其更有效地利用生物农药，以达到提高病虫害控制效果和增加经济效益的目的。

（三）根据防治对象适量用药

在病虫害防治中，合理选用生物农药是非常重要的，要按照产品说明书上的说明，严格控制药物的用量。根据防治对象适量用药，能够有效提高生物农药的有效性。

（四）根据防治对象选择正确的施用方法

由于目前生物农药已被大量使用，因此，在使用过程中，必须对其特征有全面的认识和把握。针对不同的控制对象、气候、生长状况等，选用适宜的药剂，以保证其使用的有效性。根据防治对象选择正确的施用方法，是生物农药使用的关键技术之一。

（五）均匀施药

在实际使用中，由于其本身为触杀剂，其传导性不强，因此在施用时要充分考虑控制对象的特点，采用恒定喷洒方法，使作物叶片两侧都能接触到农药。在粉剂的应用上，尽量选在田间和晚上，因为在作物上的露点比较大，有利于作物对药粉的吸收，从而提高农药的使用效果。更重要的是，在强风天气下，不应该喷撒农药，因为在风的作用下，很容易对植物的叶子产生吸附，不仅降低了控制效果，还浪费了药剂。

（六）与化学农药混合使用

生物农药的应用，应选用具有较高抗药性的生物农药，与化学农药配合使用，以提高控制效果。要进一步加大控制的力度，加强病虫害的控制。采用生物农药、阿维菌素等低毒性化学农药，可达到较好的控制效果，较好地发挥药剂的作用，提高了经济效益。

（七）安全使用生物农药

生物农药在使用过程中，因其本身的特点，对人体和动物没有任何毒性作用，但若使用不当，也会对人体造成危害，病情严重者会有毒性反应。因此，在生物农药的应用上，必须加强对药品安全的关注，并要遵守其应用的规范与要求。在确保控制害虫效果的前提下，尽量减少其毒性和不良反应。另外，对生物农药的保存也应重视，25~30℃是生物农药有效作用的最适温度，因此，对农药进行妥善的保存，有利于发挥其作用，提高其控制的效力。

第四节 机械化深施肥技术

一、特点及优势

机械化深施肥技术是一种现代化的农业施肥方法，具有提高肥料利用率、减少环境污染、促进作物生长等诸多优点。

（一）特点

（1）精确施肥。能够根据土壤肥力、作物需求和种植模式，精确计算和控制施肥量和施肥位置。

（2）深度施肥。将肥料施入土壤较深的层次，通常在10cm以上，减少肥料的挥发和流失。

（3）高效作业。借助机械设备，实现快速、大面积的施肥操作，提高劳动效率。

（4）均匀分布。确保肥料在土壤中的均匀分布，避免局部过量或不足。

（二）优势

机械化深施肥技术的优势如下。

（1）提高肥料利用率。肥料深施减少了与外界环境的接触，降低了氮素的挥发和磷钾的固定，使作物能更充分地吸收养分。

（2）增加作物产量。为作物生长提供持续稳定的养分供应，促进根系发育，增强作物的抗逆性，从而提高产量。

（3）保护环境。减少因肥料流失造成的水体富营养化和土壤污染。

例如，在玉米种植中，使用机械化深施肥技术，将复合肥施于土壤 15cm 深处，玉米生长期间养分供应充足，植株健壮，最终产量比传统施肥方式显著提高。

机械化深施肥技术是实现农业可持续发展和高产高效的重要手段之一。

二、机械化深施肥的技术要点

主要包括以下几个方面。

（一）肥料选择

选用适合深施的肥料种类，如颗粒状复合肥、缓控释肥等，避免使用容易吸湿结块或飞扬的肥料。

（二）施肥机械选型

（1）根据农田规模、种植作物、土壤条件等因素，选择合适的施肥机械，如条施机、穴施机、撒肥机等。

（2）确保机械性能稳定，施肥量调节精准，作业效率高。

（三）施肥深度和位置

（1）一般施肥深度应在 10～20cm，具体深度根据作物种类和土壤质地而定。

（2）对于根系较深的作物，如玉米、棉花等，施肥深度可适当加深；对于根系较浅的作物，如小麦、蔬菜等，施肥深度相对较浅。

（3）施肥位置应在种子侧下方或下方，避免肥料与种子直接接触，防止烧种烧苗。

（四）施肥量控制

（1）根据土壤肥力、作物需肥规律和目标产量，精确计算施肥量。

（2）通过调整施肥机械的排肥装置，实现施肥量的准确控制。

（五）作业时机

结合耕地、播种等农艺环节进行施肥作业，如在耕地前将基肥深施，在播种时同步进行种肥深施。

（六）土壤墒情

选择适宜的土壤墒情进行施肥作业，过湿或过干的土壤条件都会影响施肥效果和作业质量。

（七）机械调试与维护

（1）在作业前，对施肥机械进行调试，确保各部件运转正常，施肥量准确无误。

（2）作业过程中，定期检查机械的工作状态，及时排除故障。

（3）作业结束后，对机械进行清理、保养和存放，延长使用寿命。

例如，在玉米种植中，选用条施机进行基肥深施，施肥深度为 15cm，位于种子侧下方 8～10cm 处，施肥量根据土壤肥力和目标产量确定为每亩 40～50kg 复合肥。作业前调试好机械，选择土壤墒情适中时进行，作业过程中注意检查排肥情况，确保施肥均匀、深度一致。

三、提高机械化深施肥技术的施肥效果的措施

要提高机械化深施肥技术的施肥效果，可以从以下几个方面入手。

（一）土壤检测与分析

（1）事先对土壤进行全面的检测，了解土壤的肥力水平、质地、酸碱度等特性。

（2）根据检测结果，制定针对性的施肥方案，确定合适的肥料种类和施用量。

（二）优化肥料配方

（1）结合作物的养分需求规律和土壤供肥能力，选择合适的氮、磷、钾比例以及中微量元素。

（2）采用缓控释肥料或添加肥料增效剂，延长肥料的释放时间，提高肥料利用率。

（三）精准施肥机械调试

（1）在施肥作业前，仔细调试施肥机械，确保排肥装置均匀稳定，施肥量控制精准。

（2）定期检查和校准机械的施肥量调节部件，保证施肥的准确性。

（四）施肥深度和位置的精准控制

（1）根据不同作物的根系分布特点和土壤条件，精确调整施肥深度和位置。

（2）利用先进的定位和导航技术，保证施肥作业的一致性和准确性。

（五）操作人员培训

（1）对施肥机械的操作人员进行专业培训，使其熟悉机

械操作和施肥技术要点。

（2）提高操作人员的责任心和规范操作意识，确保施肥作业质量。

（六）施肥与农艺措施结合

将深施肥技术与合理的种植密度、灌溉制度、病虫害防治等农艺措施相结合，协同提高作物生长和肥料利用效率。

（七）作业时机选择

（1）根据土壤墒情和气候条件，选择适宜的施肥作业时间。

（2）避免在大雨前或土壤过湿时施肥，防止肥料流失。

（八）施肥后的跟踪评估

（1）在施肥后，定期观察作物的生长状况，评估施肥效果。

（2）根据实际效果，及时调整后续的施肥方案和作业参数。

例如，某大型农场在应用机械化深施肥技术时，首先对土壤进行详细检测，根据检测结果选用专用的缓控释复合肥，并对施肥机械进行精心调试。操作人员经过严格培训后，在土壤墒情良好时进行施肥作业，施肥深度和位置严格按照作物需求控制。同时，结合科学的灌溉和病虫害防治措施。通过这些综合措施，该农场的作物产量显著提高，肥料利用率也得到了有效提升。

第五节　微生物菌肥的使用

一、微生物菌肥的作用

微生物菌肥是一种含有活的微生物的肥料，它通过微生物的生命活动来改善土壤生态环境、提高土壤肥力、促进作物生长和提高作物品质。

微生物菌肥中的微生物主要包括细菌、真菌、放线菌等，常见的有芽孢杆菌、固氮菌、解磷菌、解钾菌等。这些微生物在土壤中能够发挥多种作用。

（一）增加土壤养分

固氮菌可以将空气中的氮气转化为植物可吸收的氮素，解磷菌和解钾菌能将土壤中难以被利用的磷、钾转化为有效态，供作物吸收。

（二）改善土壤结构

微生物的代谢活动可以产生多糖等物质，促进土壤颗粒的团聚，增加土壤孔隙度，提高土壤通气性和保水性。

（三）抑制有害微生物

一些有益微生物可以分泌抗生素、抗菌物质等，抑制病原菌的生长和繁殖，减少土传病害的发生。

（四）增强植物免疫力

有益微生物与植物根系形成共生关系，激发植物的免疫系统，提高植物对病虫害的抵抗力。

（五）促进植物生长

微生物可以产生植物生长激素，如生长素、赤霉素等，刺激植物生长发育。

二、微生物菌肥的特点

（一）改善土壤结构

增加土壤中的团粒结构，提高土壤的通气性和保水性，使土壤更加疏松肥沃。

（二）提高土壤肥力

微生物的活动可以分解土壤中难以被作物直接吸收的养分，将其转化为可利用的形式，增加土壤中的有效养分含量。

（三）增强作物抗逆性

有益微生物能够分泌一些物质，增强作物对干旱、病虫害、盐碱等逆境的抵抗能力。

（四）环保无污染

微生物菌肥通常由天然的微生物和有机物质组成，对环境友好，不会造成土壤和水源的污染。

（五）促进养分吸收

有些微生物可以与作物根系形成共生关系，帮助作物更好地吸收土壤中的养分，提高肥料利用率。

（六）降低化肥使用量

与化肥配合使用时，可以减少化肥的施用量，降低农业生产成本。

（七）提高农产品品质

有助于生产出营养更丰富、口感更好、更安全的农产品。

（八）适用范围广

适用于各种土壤和作物，包括蔬菜、水果、粮食作物等。

例如，在长期连作的蔬菜大棚中使用微生物菌肥，可以改善土壤板结状况，减少土传病害的发生，提高蔬菜的产量和品质。在盐碱地种植作物时，使用特定的微生物菌肥能够增强作物在盐碱环境下的生长能力。

三、微生物菌肥的使用方法

微生物菌肥的使用方法主要有以下几种。

（一）基肥施用

（1）在播种或移栽前，将微生物菌肥均匀撒施在土壤表面，然后通过翻耕将其混入土壤中，使菌肥与土壤充分接触。

（2）用量一般根据土壤肥力和作物需求而定，通常每亩用量为几千克至几十千克。

（二）追肥施用

（1）在作物生长期间，可以将微生物菌肥进行条施或穴施，施于作物根系附近。

（2）注意施肥深度，避免过深或过浅，以 5~10cm 为宜。

（三）蘸根法

（1）对于移栽的作物，如蔬菜苗、树苗等，可以将菌肥稀释成一定浓度的溶液，将幼苗根部浸泡在溶液中一段时间后再进行移栽。

（2）这样可以使有益微生物在根系周围迅速定殖，促进幼苗生长。

（四）拌种法

（1）在播种前，将微生物菌肥与种子按照一定比例混合均匀，使菌肥附着在种子表面。

（2）有助于种子发芽和幼苗生长。

（五）冲施法

（1）将微生物菌肥溶解在水中，通过灌溉系统随水冲施到土壤中。

（2）这种方法适用于大面积种植的作物。

例如，在种植蔬菜时，可以在整地时作为基肥，每亩撒施20kg 微生物菌肥；对于果树，在春季萌芽前可以沿树冠滴水线开沟进行追肥，每亩施 10~15kg；在移栽番茄苗时，可采用蘸根法，将幼苗根部在稀释后的菌肥溶液中浸泡 30min 后再定植。

需要注意的是，不同类型的微生物菌肥可能有不同的使用要求和注意事项，使用前应仔细阅读产品说明。

第六节 叶面施肥技术

一、叶面肥的特点

叶面肥是一种将营养元素施用于作物叶片表面，通过叶片的吸收作用来为作物提供养分的肥料。

（1）吸收迅速。能快速被叶片吸收，及时补充作物所需的营养。

（2）针对性强。可根据作物特定生长阶段的需求，精准提供所需养分。

（3）节省成本。用量相对较少，能在一定程度上降低施肥成本。

二、叶面肥的种类

叶面肥的种类繁多。

（1）大量元素叶面肥。包含氮、磷、钾等元素，满足作物对主要养分的需求。

（2）中微量元素叶面肥。如铁、锌、锰、铜、硼、钼等，用于矫正作物的缺素症状。

（3）氨基酸叶面肥。富含氨基酸，能增强作物的抗逆性和光合作用。

（4）腐植酸叶面肥。可改善作物品质，提高作物的抗逆能力。

三、叶面肥的使用方法

叶面肥的使用方法主要如下。

（1）喷雾法。将叶面肥稀释到适宜浓度，用喷雾器均匀喷洒在叶片的正反两面，以叶片湿润但不滴水为宜。

（2）滴灌法。通过滴灌系统将叶面肥输送到作物叶片上。

四、使用叶面肥时需要注意的事项

使用叶面肥时需要注意以下几点。

（1）浓度适宜。严格按照产品说明稀释，避免浓度过高造成肥害。

（2）喷施时间。选择无风阴天或晴天的早晨、傍晚进行，避免在高温、强光时段喷施，以免溶液迅速干燥，影响吸收效果。

（3）与农药混用。注意查看产品说明，部分叶面肥可能不能与某些农药混用。

例如，在小麦孕穗期，喷施含硼的叶面肥可以提高结实率；在蔬菜生长后期，喷施磷酸二氢钾叶面肥能增加产量和改善品质。

第七节　水肥药一体化技术

水肥药一体化技术是将灌溉与施肥、施药融为一体的农业新技术。

一、特点

（一）精准供给

根据作物的生长需求，精确控制水肥药的供应量和供应时间，实现按需分配。

（二）提高效率

节省人工，减少劳动强度，提高作业效率。

（三）节约资源

减少水肥药的浪费，降低成本，同时减轻对环境的污染。

（四）促进生长

为作物创造良好的生长环境，有利于提高作物的产量和品质。

二、水肥药一体化的系统

该技术通常通过以下系统实现。

（一）水源系统

提供清洁、充足的水源，如井水、河水或蓄水池中的水。

（二）首部枢纽

包括水泵、过滤器、施肥器、施药器、压力和流量监测设备等，用于对水肥药进行加压、过滤和混合。

（三）输配水管网

由主管、支管和毛管组成，将混合好的水肥药液输送到田间。

（四）灌水器

如滴头、喷头等，将水肥药液均匀地施用到作物根部或叶面。

三、操作时的注意事项

在实际应用中，需要注意以下几点。

（一）水质要求

确保水源的清洁，避免杂质堵塞管道和喷头。

（二）肥料选择

选用水溶性好、杂质少的肥料。

（三）农药兼容性

施药前要测试农药与肥料和水的兼容性。

（四）系统维护

定期检查和维护系统，及时更换损坏的部件。

例如，在温室蔬菜种植中，采用水肥药一体化技术，可以根据蔬菜不同生长阶段的需求，精准供应水肥药，有效控制病虫害，提高蔬菜的产量和品质。同时，相比传统的灌溉施肥施药方式，可节约用水 50% 以上，节省肥料 30%~50%，减少农药用量 20%~30%。

主要参考文献

龙守勋，郭飞，陈中建，2021. 基层农业技术推广人员培训教程 [M]. 北京：中国农业科学技术出版社.

任学坤，赵姝，2023. 农业技术推广 [M]. 北京：中国农业大学出版社.